**国家职业技能等级认定培训教材**
**高技能人才培养用书**
**新形态职业技能鉴定指导教材**

# 车工试题库
## （高级、技师、高级技师）

国家职业技能等级认定培训教材编审委员会　组编
主　编　徐　彬
副主编　徐　斌
参　编　袁　静　张　斌　葛嫣雯　张玉东
主　审　金福昌

机械工业出版社
CHINA MACHINE PRESS

本书内容分为车工（高级）、车工（技师、高级技师）两部分，每部分又分别由考核重点和试卷结构、理论知识考核指导、操作技能考核指导、模拟试卷样例组成。其中，理论知识考核指导中有四种题型，分别是判断题、选择题、计算题和简答题，均附有答案。操作技能考核指导共有18个操作项目，项目的安排遵循从易到难的原则。

本书可作为相应等级的车工参加职业技能鉴定的考前复习用书，也可作为各级职业技能鉴定培训机构、企业培训部门、职业技术院校、技工学校、各种短期培训班鉴定考核命题时的参考书。

## 图书在版编目（CIP）数据

车工试题库：高级、技师、高级技师/徐彬主编. —北京：机械工业出版社，2020.6

新形态职业技能鉴定指导教材　高技能人才培养用书

ISBN 978-7-111-65610-4

Ⅰ.①车… Ⅱ.①徐… Ⅲ.①车削-职业技能-鉴定-习题集 Ⅳ.①TG51-44

中国版本图书馆CIP数据核字（2020）第081914号

机械工业出版社（北京市百万庄大街22号　邮政编码100037）
策划编辑：赵磊磊　责任编辑：王晓洁　王海霞
责任校对：潘　蕊　责任印制：常天培
北京铭成印刷有限公司印刷
2022年1月第1版第1次印刷
184mm×260mm·12印张·242千字
0001—3000册
标准书号：ISBN 978-7-111-65610-4
定价：49.80元

电话服务　　　　　　　　网络服务
客服电话：010-88361066　机 工 官 网：www.cmpbook.com
　　　　　010-88379833　机 工 官 博：weibo.com/cmp1952
　　　　　010-68326294　金　书　网：www.golden-book.com
**封底无防伪标均为盗版**　机工教育服务网：www.cmpedu.com

# 国家职业技能等级认定培训教材
# 编审委员会

**主　任**　李　奇　荣庆华

**副主任**　姚春生　林　松　苗长建　尹子文　周培植　贾恒旦

　　　　　孟祥忍　王　森　汪　俊　费维东　邵泽东　王琪冰

　　　　　李双琦　林　飞　林战国

**委　员**（按姓氏笔画排序）

　　　　　于传功　王　新　王兆晶　王宏鑫　王荣兰　卞良勇

　　　　　邓海平　卢志林　朱在勤　刘　涛　纪　玮　李祥睿

　　　　　李援瑛　吴　雷　宋传平　张婷婷　陈玉芝　陈志炎

　　　　　陈洪华　季　飞　周　润　周爱东　胡家富　施红星

　　　　　祖国海　费伯平　徐　彬　徐丕兵　唐建华　阎　伟

　　　　　董　魁　臧联防　薛党辰　鞠　刚

# 序

新中国成立以来，技术工人队伍建设一直得到了党和政府的高度重视。20世纪五六十年代，我们借鉴苏联经验建立了技能人才的"八级工"制，培养了一大批身怀绝技的"大师"与"大工匠"。"八级工"不仅待遇高，而且深受社会尊重，成为那个时代的骄傲，吸引与带动了一批批青年技能人才锲而不舍地钻研技术、攀登高峰。

进入新时期，高技能人才发展上升为兴企强国的国家战略。从2003年全国第一次人才工作会议，明确提出高技能人才是国家人才队伍的重要组成部分，到2010年颁布实施《国家中长期人才发展规划纲要（2010—2020年）》，加快高技能人才队伍建设与发展成为举国的意志与战略之一。

习近平总书记强调，劳动者素质对一个国家、一个民族发展至关重要。技术工人队伍是支撑中国制造、中国创造的重要基础，对推动经济高质量发展具有重要作用。党的十八大以来，党中央、国务院健全技能人才培养、使用、评价、激励制度，大力发展技工教育，大规模开展职业技能培训，加快培养大批高素质劳动者和技术技能人才，使更多社会需要的技能人才、大国工匠不断涌现，推动形成了广大劳动者学习技能、报效国家的浓厚氛围。

2019年国务院办公厅印发了《职业技能提升行动方案（2019—2021年）》，目标任务是2019年至2021年，持续开展职业技能提升行动，提高培训针对性实效性，全面提升劳动者职业技能水平和就业创业能力。三年共开展各类补贴性职业技能培训5000万人次以上，其中2019年培训1500万人次以上；经过努力，到2021年底技能劳动者占就业人员总量的比例达到25%以上，高技能人才占技能劳动者的比例达到30%以上。

目前，我国技术工人（技能劳动者）已超过2亿人，其中高技能人才超过5000万人，在全面建成小康社会、新兴战略产业不断发展的今天，建设高技能人才队伍的任务十分重要。

机械工业出版社一直致力于技能人才培训用书的出版，先后出版了一系列具有行业影响力、深受企业、读者欢迎的教材。欣闻配合新的《国家职业技能标准》又编写了"国家职业技能等级认定培训教材"。这套教材由全国各地技能培训和考评专家编写，具有权威性和代表性；将理论与技能有机结合，并紧紧围绕《国家职业技能标准》的知识要求和技能要求编写，实用性、针对性强，既有必备的理论知识和技能知识，又有考核鉴定的理论和技能题库及答案；而且这套教材根据需要为部分教材配备了二维码，扫描书中的二维码便可观看相应资源；这套教材还配合天工讲堂开设了在线课程、在线题库，配套齐全，编排科学，便于培训和检测。

这套教材的出版非常及时，为培养技能型人才做了一件大好事，我相信这套教材一定会为我国培养更多更好的高素质技术技能型人才做出贡献！

中华全国总工会副主席

高凤林

# 前　言

随着我国职业资格证书制度的不断完善和发展，职业技能等级认定制度已成为我国技能人才评价方式，为了帮助考证人员顺利取得国家技能等级证书，推动职业技能等级认定制度的深入实施，加快技能人才培养，我们根据多年的实践经验，组织相关专家、教授、技师和高级考评员共同编定了这套车工试题库。

试题库的建立，对保证职业技能等级认定工作的质量，加快培养一大批数量充足、结构合理、素质优良的技能型人才将起到重要的作用。

本套书以现行《国家职业技能标准　车工》为依据，以客观反映现阶段本职业的水平和对从业人员的要求为目标，使参加职业技能等级认定的广大考生对考试内容和考试方式有一个全面的了解，以更好地复习备考，顺利通过考试。

本书与职业技能等级认定培训教材相配套。在本书的编写过程中，贯彻了"围绕考点、服务考试"的原则，内容涵盖了国家职业技能标准对该工种的理论知识和操作技能方面的要求；为突出考前辅导的特色，以职业技能等级认定试题作为编写重点，紧紧围绕鉴定考核的内容，充分体现系统性和实用性。

本书由徐彬任主编，徐斌任副主编，袁静、张斌、葛嫣雯、张玉东参加编写，由金福昌主审。

由于编写水平与时间的限制，书中难免存在不妥之处，敬请读者批评指正。

编　者

# 目录

序
前言

## 车工（高级）

### 第一部分 考核重点和试卷结构 ... 2
一、考核重点 ... 2
二、试卷结构 ... 2
三、考试技巧 ... 3
四、注意事项 ... 3
五、复习策略 ... 3

### 第二部分 理论知识考核指导 ... 4

理论知识模块1 基础知识 ... 4
一、考核范围 ... 4
二、考核要点详解 ... 5
三、练习题 ... 5
四、参考答案及解析 ... 13

理论知识模块2 轴类工件加工 ... 18
一、考核范围 ... 18
二、考核要点详解 ... 19
三、练习题 ... 19
四、参考答案及解析 ... 22

理论知识模块3 套类工件及深孔加工 ... 23
一、考核范围 ... 23
二、考核要点详解 ... 24
三、练习题 ... 24
四、参考答案及解析 ... 28

理论知识模块4 偏心工件及曲轴加工 ... 30
一、考核范围 ... 30
二、考核要点详解 ... 31
三、练习题 ... 31
四、参考答案及解析 ... 33

理论知识模块5 螺纹加工 ... 35
一、考核范围 ... 35
二、考核要点详解 ... 35
三、练习题 ... 36
四、参考答案及解析 ... 40

# 目 录

  理论知识模块 6  畸形工件加工 43
    一、考核范围 43
    二、考核要点详解 44
    三、练习题 44
    四、参考答案及解析 46
  理论知识模块 7  设备维护与保养 47
    一、考核范围 47
    二、考核要点详解 48
    三、练习题 48
    四、参考答案及解析 51
## 第三部分  操作技能考核指导 53
  操作技能 1  车多头蜗杆 53
  操作技能 2  车十字座 56
  操作技能 3  车阀体 59
  操作技能 4  车曲轴 61
  操作技能 5  车接头 64
  操作技能 6  车三拐曲轴 67
  操作技能 7  车滑移心轴组合件 69
  操作技能 8  车球头偏心轴串套组合件 75
  操作技能 9  加工锥体配合件 80
  操作技能 10  加工螺纹配合件 82
## 第四部分  模拟试卷样例 85
  理论知识考试模拟试卷 85
  理论知识考试模拟试卷参考答案 90
  操作技能考核模拟试卷 91

# 车工（技师、高级技师）

## 第五部分  考核重点和试卷结构 95
  一、考核重点 95
  二、试卷结构 96
  三、考试技巧 96
  四、注意事项 96
  五、复习策略 96
## 第六部分  理论知识考核指导 98
  理论知识模块 1  轴类工件加工 98
    一、考核范围 98
    二、考核要点详解 98
    三、练习题 99
    四、参考答案及解析 102
  理论知识模块 2  套类工件加工 103
    一、考核范围 103
    二、考核要点详解 103

三、练习题 …… 104
四、参考答案及解析 …… 106
**理论知识模块 3　偏心工件及曲轴加工** …… 108
一、考核范围 …… 108
二、考核要点详解 …… 108
三、练习题 …… 109
四、参考答案及解析 …… 112
**理论知识模块 4　螺纹加工** …… 115
一、考核范围 …… 115
二、考核要点详解 …… 115
三、练习题 …… 116
四、参考答案及解析 …… 118
**理论知识模块 5　畸形工件和薄板类工件加工** …… 121
一、考核范围 …… 121
二、考核要点详解 …… 121
三、练习题 …… 122
四、参考答案及解析 …… 123
**理论知识模块 6　新型刀具及现代先进加工技术** …… 125
一、考核范围 …… 125
二、考核要点详解 …… 125
三、练习题 …… 126
四、参考答案及解析 …… 127
**理论知识模块 7　车床精度检测、故障分析与排除** …… 129
一、考核范围 …… 129
二、考核要点详解 …… 130
三、练习题 …… 130
四、参考答案及解析 …… 135

# 第七部分　操作技能考核指导 …… 140
操作技能 1　车螺旋齿条轴套 …… 140
操作技能 2　车锥体 …… 143
操作技能 3　车模板 …… 145
操作技能 4　车滚珠丝杠 …… 147
操作技能 5　车蜗杆多件套 …… 149
操作技能 6　车十件双平面槽组合件 …… 156
操作技能 7　加工锥体配合件 …… 163
操作技能 8　加工螺纹配合件 …… 166

# 第八部分　模拟试卷样例 …… 171
理论知识考试模拟试卷 …… 171
理论知识考试模拟试卷参考答案 …… 176
操作技能考核模拟试卷 …… 178

# 车工（高级）

# 第一部分

# 考核重点和试卷结构

## 一、考核重点

以国家职业技能标准为依据，按车工高级（三级）的理论、操作鉴定考核要求，进行理论知识考核和操作技能考核，考核重点为：车工高级（三级）基础知识、轴类工件加工、套筒及深孔加工、偏心工件及曲轴加工、螺纹加工、畸形工件加工、设备的维护与保养。理论知识和技能要求权重如下：

**车工高级（三级）理论知识权重**

| 项目 | | 权重 | |
|---|---|---|---|
| | | 普通车工 | 数控车工 |
| 基本要求 | 职业道德 | 5 | 5 |
| | 基础知识 | 15 | 20 |
| 相关知识要求 | 轴类工件加工 | 15 | 15 |
| | 套类工件加工 | 15 | 15 |
| | 螺纹加工 | 20 | 15 |
| | 偏心工件及曲轴加工 | 10 | 10 |
| | 畸形工件加工 | 15 | 10 |
| | 设备维护与保养 | 5 | 10 |
| 合计 | | 100 | 100 |

**车工高级（三级）技能要求权重**

| 项目 | | 权重 | |
|---|---|---|---|
| | | 普通车工 | 数控车工 |
| 相关知识要求 | 轴类工件加工 | 20 | 20 |
| | 套类工件加工 | 20 | 20 |
| | 螺纹加工 | 20 | 20 |
| | 偏心工件及曲轴加工 | 20 | 15 |
| | 畸形工件加工 | 15 | 15 |
| | 设备维护与保养 | 5 | 10 |
| 合计 | | 100 | 100 |

## 二、试卷结构

车工高级（三级）的鉴定方式分为理论知识考试和技能操作考核，理论知识考试时间不少于90min，试卷题型由判断题、选择题、计算题、简答题组成。试题的编写立足于对基础知识和基本操作技能的检验，改变了以往单纯对概念进行考查的局限性，注意将理论知识和实际操作相联系，注重加工工艺分析，考查学员对知识的理解和应用能力，题目灵活、难度适中、覆盖面广，题目较以前有所增加，有较大的实用性，能够较全面考查学员的综合素质。操作技能考核时间不少于360min，具体时间、评分标准依图样而定，要求在规定的时间内独立完成工件的加工。综合评审时间不少于30min。

### 三、考试技巧

车工高级（三级）理论知识考试内容广泛，包括很多门专业理论课的内容，和常用的操作知识，需要学员在平时积累。而《车工（高级）》教材中由于版面的限制无法一一叙述，需要学员学习其他课程。理论知识题目与生产实践实际操作相结合，学员要在多理解后再解题，并应联系实际完成各种习题。车工初级理论考核中需要学员要有一定的答题技巧，在考试时尽量完成答题不要出现不答题的情况。操作技能考核时要认真阅读图样，分析工艺，准备刀具完成考件加工，根据评分标准合理完成整个操作技能考核。

### 四、注意事项

本题库面广量大，题库中的很多题目具有一定的灵活性，考生在答题前应认真阅读试卷，填写考试必需的相应信息并仔细核对。在答题过程中，应认真阅读每一道题目，按先易后难的原则做题，分值高的题目优先，不会做或答不全的放后面做，对于没有掌握的知识出现在判断题或选择题中时必须完成答题，在考试过程中保持良好的心态。

### 五、复习策略

对于理论知识考试，应该认真阅读教材，理解教材中的各项理论知识，学习时做到理论与实际相结合，有些理论题目要与实际操作相结合，这样更有利于习题掌握。为了获得好的复习效果，应以教材为中心，强化基础知识和基本技能的学习，弄清楚重点和难点，这样才能收到事半功倍的效果。复习时要有针对性，做到有的放矢、注重实效切忌贪多求全。复习时要学会整合知识点，对需要学习的知识进行分类以便于记忆，同时要把理论学习与实际操作结合起来更能促进理解，加深记忆。

# 第二部分

# 理论知识考核指导

## 理论知识模块1 基础知识

一、考核范围（图2-1）

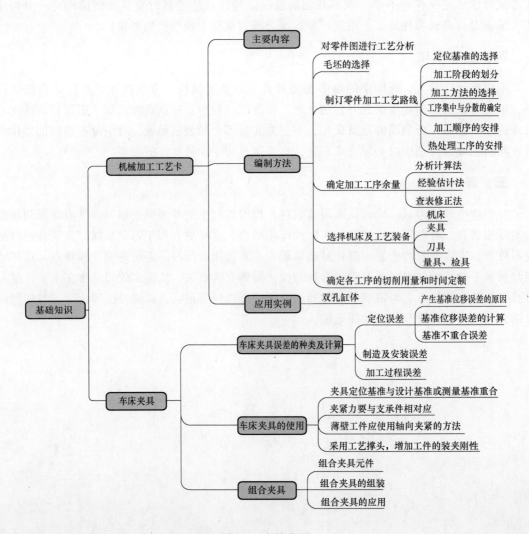

图2-1 考核范围

## 二、考核要点详解（表 2-1）

表 2-1 考核要点

| 序号 | 考核要点 |
|---|---|
| 1 | 机械加工工艺卡的内容、编制方法 |
| 2 | 能根据零件图进行工艺分析，拟订工艺路线（选择定位基准、划分加工阶段、选择定位与夹紧方法、确定各表面的加工方法、确定加工顺序、选择热处理工序等） |
| 3 | 车床夹具误差的种类、定位误差的计算 |
| 4 | 正确选择定位与夹紧方法 |
| 5 | 车床夹具的使用要求及调整方法 |
| 6 | 组合夹具的特点、分类 |
| 7 | 组合夹具的组装及应用 |

## 三、练习题

**（一）判断题**（对的画"√"，错的画"×"）

1. 对各种原材料、半成品进行加工、装配或处理，使其成为产品的方法和过程，称为工艺。（　　）

2. 在工艺文件中，机械加工工艺卡片是按产品零部件的机械加工工艺阶段编制的一种工艺文件。它以工序为单位，比工序卡片详细，也比工艺过程卡片全面。（　　）

3. 在制订机械工艺卡片时，对零件图进行工艺分析的目的是为安排生产过程做准备。（　　）

4. 在制订机械工艺卡片时，正确选择毛坯具有重大的技术意义和经济意义。（　　）

5. 零件的加工工艺路线包括零件从毛坯投入，由粗加工到最后装配的全部工序。（　　）

6. 根据零件的结构形状和技术要求，正确选择零件加工时的定位基准，对确定零件的装夹方法和各工序的安排次序都有决定性的影响。（　　）

7. 当零件的表面加工质量要求较高时，正确选择划分加工阶段的原则对保证零件的尺寸、形状、位置精度和表面粗糙度是非常重要的。（　　）

8. 一个零件的表面可以有几种不同的加工方法，所以在制订工艺路线时，可以任意选择加工方法。（　　）

9. 工序集中和工序分散是拟订工艺路线时确定工序数目的两个不同原则。（　　）

10. 对于重型机械上的大型零件，为减少工件的装卸次数和运输困难，在拟订工艺路线时可考虑工序适当集中。（　　）

11. 对于加工刚性差且精度高的精密零件，如连杆、曲轴等，在拟订工艺路线时可考虑工序适当分散。（　　）

12. 安排加工顺序的原则是先用粗基准加工精基准，再用精基准来加工其他表面。（　　）

13. 渗氮处理可安排在粗磨和精磨之间。（   ）
14. 在制订零件加工工艺路线时，应尽量选择精度高的机床，以确保加工质量。（   ）
15. 制订零件加工工艺路线时，对夹具的选择主要是考虑工件的生产类型和精度要求。在大批量生产时，应尽量选择通用夹具及机床附件。（   ）
16. 正确选择切削用量，对保证工件的加工精度、提高生产率、降低刀具的损耗和合理使用机床有很大的作用。（   ）
17. 合理的工时定额能促进操作人员的生产技能和熟练程度不断提高。（   ）
18. 机床主轴的功用为支承传动零件、传动转矩、承受载荷，以保证装夹在主轴上的工件（或刀具）有一定的回转精度。（   ）
19. 机床主轴的毛坯一般选用锻件，单件生产时则采用模锻件。（   ）
20. 由于定位方法而产生的误差称为定位误差。（   ）
21. 由于工件和定位元件的制造误差，造成工件基准相对夹具元件支承面发生位移而产生的误差称为基准不重合误差。（   ）
22. 孔、轴配合后可能出现的最大间隙为孔公差 $T_h$ 与轴公差 $T_s$ 之和。（   ）
23. 工件的外圆在 V 形架上定位时，在垂直方向上自动对中，一批工件的轴线在垂直方向上没有位置变化，基准位移误差为零。（   ）
24. 由于工件的定位基准和设计基准（或工序基准）不重合而产生的误差称为基准不重合误差。（   ）
25. 在组成环中，由于某环增大影响封闭环减小，该环减小时封闭环增大的环称为减环。（   ）
26. 采用夹具加工工件时，影响加工精度的因素主要是定位误差、夹具的制造和安装误差、加工误差三个方面。（   ）
27. 夹具的定位基准与设计基准或测量基准重合，是保证工件达到图样所规定的精度和技术要求的关键。（   ）
28. 为防止工件装夹变形，夹紧力要与支承件对应，不能在工件悬空处夹紧。（   ）
29. 夹紧机构的制造误差、间隙及磨损，也会造成工件的基准位移误差。（   ）
30. 车削薄壁工件时，尽量不用轴向夹紧的方法，应使用径向夹紧方法。（   ）
31. 组合夹具的使用是标准化的较高体现形式，具有专用夹具的性质。（   ）
32. 组合夹具与专用夹具相比，可以缩短生产准备周期和节省人力、物力，但增加了夹具存放的库房面积和保管人员。（   ）
33. 孔系组合夹具比槽系组合夹具的结构刚度、定位精度和可靠性高。（   ）
34. 对零件图进行工艺分析，是为制订加工工艺做准备。（   ）
35. 工艺规程制订得是否合理，直接影响工件的加工质量、劳动生产率和经济效益。（   ）
36. 确定毛坯要从机械加工角度考虑最佳效果，不需要考虑毛坯制造的因素。（   ）
37. 拟订工艺路线的主要内容有定位基准的选择、表面加工方法的选择、加工顺序的安排、加工设备和工艺装备的选择等。（   ）
38. 对于所有表面都需要加工的零件，应选加工余量最大的表面作为粗基准。（   ）
39. 粗基准应选择最粗糙的表面。（   ）

40. 应尽可能选择设计基准或装配基准作为定位基准。（  ）
41. 选择精基准时，应尽可能使定位基准和测量基准重合。（  ）
42. 被加工表面的技术要求是选择加工方法的唯一依据。（  ）
43. 对于精度很高、表面粗糙度值很小的表面，要安排光整加工，以提高加工表面的尺寸精度和表面质量。（  ）
44. 划分加工阶段能保证加工质量，有利于合理使用设备，便于安排热处理工序，便于及时发现毛坯缺陷，保护高精度表面少受磕碰损坏。（  ）
45. 工序集中就是将工件的加工内容集中在少数几道工序内完成，每道工序的加工内容较多。（  ）
46. 当工艺基准与设计基准不重合时，需要进行尺寸链计算，确定工序尺寸及其公差。（  ）
47. 尺寸链中，间接保证尺寸的环称为封闭环。（  ）
48. 将尺寸链中的各环单独表示出来，按大致比例画出的尺寸图，称为尺寸链图。（  ）
49. 组合夹具的体积小、刚性好。（  ）
50. 槽系组合夹具的支承件只能作为不同高度的支承和角度支承。（  ）
51. 槽系组合夹具的定位件用于工件的定位，导向件用于夹具元件与元件之间的定位。（  ）
52. 槽系组合夹具的紧固组合夹具中的各元件，不压紧被加工工件。（  ）
53. 组合夹具装好后，应仔细检查夹具的总装精度、尺寸精度和相互位置精度，合格后方可交付使用。（  ）

（二）**选择题**（将正确答案的序号填入括号内）

1. 凡是把原材料、半成品改变为产品的那些直接的生产过程，都属于（  ）过程。
   A. 工艺　　　B. 设计　　　C. 生产　　　D. 装配
2. 在工艺文件中，机械加工工艺卡片是以（  ）为单位说明一个零件的全部加工过程。
   A. 工步　　　B. 工序　　　C. 安装　　　D. 走刀
3. 制订工艺卡片时，对零件图进行工艺分析，主要是为安排（  ）过程做准备。
   A. 生产　　　B. 工序　　　C. 设计　　　D. 工艺
4. 制订工艺卡片时，毛坯的选择主要包括选择毛坯（  ）、确定毛坯的形状和尺寸。
   A. 型材　　　B. 冲压　　　C. 类型　　　D. 棒料
5. 制订工艺路线就是确定零件从毛坯投入，由粗加工到最后精加工的全部（  ）。
   A. 设计　　　B. 生产　　　C. 工艺　　　D. 工序
6. 根据零件的结构形状和技术要求，正确选择零件加工时的（  ）基准，对确定零件的装夹方法和各工序的安排次序都有决定性影响。
   A. 测量　　　B. 设计　　　C. 装配　　　D. 定位
7. 正确的加工顺序应遵循前工序为后续工序准备（  ）的原则。
   A. 生产　　　B. 装配　　　C. 基准　　　D. 设计

8. 确定工序尺寸方法之一的（　　）法是以生产实践和试验研究积累的有关加工余量的资料数据为基础，结合实际加工情况进行修正来确定加工余量的方法。
　　A. 查表修正　　B. 分析计算　　C. 经验估计　　D. 精确计算
9. 制订工艺卡片时，所选择机床的（　　）应与工件尺寸相适应，做到合理使用设备。
　　A. 规格　　B. 精度　　C. 类型　　D. 尺寸
10. 制订工艺卡片时，所选择机床的（　　）应与工件的生产类型相适应。
　　A. 精度　　B. 类型　　C. 规格　　D. 生产率
11. 车床主轴毛坯锻造后，首先应安排热处理（　　）工序。
　　A. 调质　　B. 渗碳　　C. 正火或退火　　D. 淬火
12. 工件以孔定位，套在心轴上车削与孔有同轴度要求的外圆，影响其同轴度精度的基准位移误差计算式为 $\Delta W=($　　$)$。
　　A. $(T_h+T_s+X_{min})/2$　　B. $T_h+T_s+X_{min}$
　　C. $(T_h+T_s+X_{max})/2$　　D. $T_h+T_s+X_{max}$
13. 工件以孔定位，套在心轴上车削一个与定位孔有距离要求的表面，影响其加工尺寸精度的基准位移误差计算式为 $\Delta W=($　　$)$。
　　A. $T_h+T_s+X_{min}$　　B. $T_h+T_s+X_{max}$
　　C. $(T_h+T_s+X_{min})/2$　　D. $(T_h+T_s+X_{max})/2$
14. 定位误差是指一批工件定位时，工件的（　　）基准在加工尺寸方向上相对于夹具或机床的最大变动量。
　　A. 测量　　B. 装配　　C. 设计　　D. 加工
15. 轴在 90°V 形架上的基准位移误差计算式为 $\Delta W=($　　$)$。
　　A. $0.707T_s$　　B. $0.578T_s$　　C. $0.866T_s$　　D. $1.414T_s$
16. 由于工件的（　　）基准和设计基准（或工序基准）不重合而产生的误差称为基准不重合误差。
　　A. 加工　　B. 定位　　C. 测量　　D. 装配
17. 尺寸链中除（　　）环以外的各个环称为组成环。
　　A. 增　　B. 减　　C. 封闭　　D. 设计
18. 在设计夹具时，夹具的制造公差一般不超过工件公差的（　　）。
　　A. 2/3　　B. 1/2　　C. 1/3　　D. 1/10
19. 车床夹具的（　　）要与支承件对应，这是防止工件装夹变形的保证。
　　A. 夹紧力　　B. 进给力　　C. 辅助支承　　D. 背向力
20. 工件在夹具中定位时，由于定位元件和工件的定位基准均有制造误差，会使工件产生一定的定位误差而造成工件的（　　）。
　　A. 定位偏移　　B. 加工误差　　C. 夹紧误差　　D. 精度误差
21. 组合夹具根据定位和夹紧方式的不同，可分为槽系和孔系两大类。这两类组合夹具各有（　　）规格。
　　A. 两种　　B. 三种　　C. 四种　　D. 五种

22. 车削加工时应尽可能用工件的（　　）做定位基准。
A. 不加工表面　B. 过渡表面　C. 已加工表面　D. 基准孔

23. 由于定位基准和设计基准不重合而产生的加工误差，称为（　　）。
A. 基准误差　　　　　　B. 基准位移误差
C. 基准不重合误差　　　D. 基准不统一误差

24. 夹具中的（　　）装置，用于保证工件在夹具中定位后的位置在加工过程中不变。
A. 定位　　B. 夹紧　　C. 辅助　　D. 支承

25. 工件因外形或结构等因素而造成装夹不稳定，这时可采用增加（　　）的办法来提高工件的装夹稳定性。
A. 定位装置　B. 辅助定位　C. 工艺支承　D. 夹紧元件

26. 为进行科学管理，把规定产品或零件工艺流程和操作方法等的工艺文件称为（　　）。
A. 工艺规程　B. 设计方案　C. 加工流程　D. 装配过程

27. 热处理对改善金属的加工性能、改变材料的（　　）性能和消除内应力有重要的作用。
A. 金属　　B. 热学　　C. 材料学　　D. 力学

28. 在零件加工的尺寸链中，凡是按加工顺序间接获得的环称为（　　）。
A. 组成环　B. 增环　　C. 减环　　D. 封闭环

29. 工件在夹具中定位时，由于定位元件存在着（　　）误差，会使工件在实际定位的位置范围内有所变动。
A. 设计　　B. 工艺　　C. 制造　　D. 检验

（三）计算题

1. 加工要求及装夹方法如图 2-2 所示，计算其基准位移误差，并判断能否达到加工要求（不考虑心轴的位置误差）。

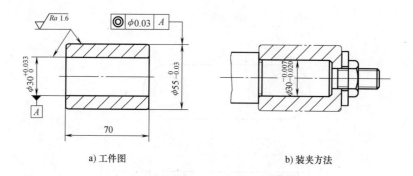

a) 工件图　　　　　　b) 装夹方法

图 2-2　基准位移误差计算

2. 在花盘角铁上加工活塞销孔，如图 2-3 所示。测得角铁上定位轴轴线与主轴回转轴线的位移误差为 0.005mm，活塞销定位孔与定位轴配合为 $\phi58H6/g6$。要求加工后活塞销孔中心线对外圆轴线的对称度误差不大于 0.1mm，试计算基准位移误差，并分析其定位是否能保证工件质量要求。

3. 如图 2-4 所示的偏心套套于偏心轴上,装夹在两顶尖间车削偏心外圆。心轴外圆尺寸为 $d = \phi 26_{-0.020}^{-0.007}$ mm,试计算其基准位移误差,并判断能否达到图样规定的偏心距要求(不考虑工件与偏心轴位置误差)。

4. 图 2-5 所示双孔连杆的厚度尺寸（45±0.05）mm 及孔 $\phi 42_{0}^{+0.025}$ mm 已加工至要求,现在以孔定位于花盘定位轴上车削 $\phi 40_{0}^{+0.025}$ mm 孔,定位轴直径为 $d = \phi 42_{-0.034}^{-0.009}$ mm,并测得定位轴轴线对主轴轴线在中心距方向上的偏移量为 0.01mm,试计算基准位移误差,并分析其定位能否保证工件两孔中心距要求。

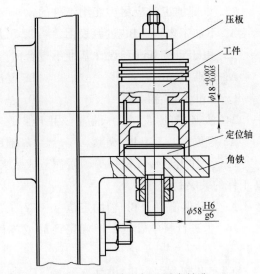

图 2-3　在角铁上加工活塞销孔

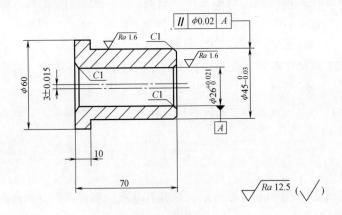

图 2-4　偏心套

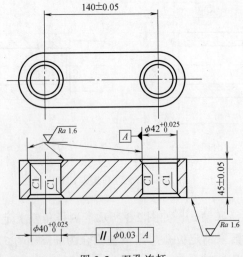

图 2-5　双孔连杆

5. 图 2-6a 所示偏心工件的其他工序已完成,现装夹在 V 形架(图 2-6b)上车削偏心孔 $\phi 20^{+0.021}_{0}$ mm,试计算基准其位移误差,并分析能否保证定位轴与偏心孔的中心距允许误差 ±0.05mm。

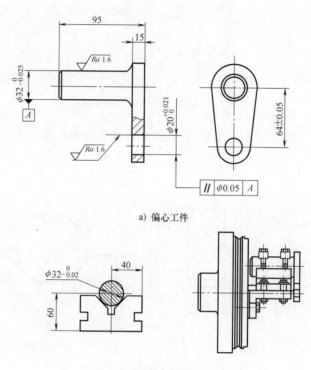

图 2-6 在 V 形架上车削偏心孔

6. 加工图 2-7 所示套筒时,因测量尺寸 $10^{0}_{-0.36}$ mm 比较困难,故通过使用游标深度尺直接测量大孔深度来间接保证设计尺寸,试画出工艺尺寸链图,并计算孔深工序尺寸及其偏差。

7. 一批工件(图 2-8)加工后,$A$、$C$ 表面间尺寸合格,现测得 $A$、$B$ 表面间的尺寸在 16.67~16.88mm 之间,试计算这批工件是否合格。

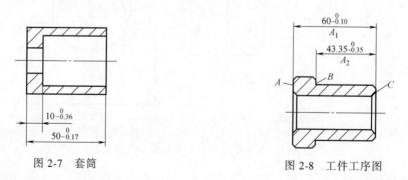

图 2-7 套筒　　　　　　图 2-8 工件工序图

8. 在一轴颈上套一轴套,如图 2-9 所示。加垫圈后用螺母紧固,求轴套在轴颈上的轴向间隙。

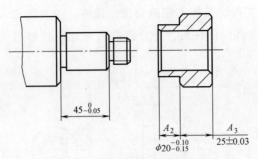

图 2-9 计算轴套间的轴向间隙

9. 将图 2-10a 所示偏心套装夹在 90°V 形架夹具上车削偏心孔（图 2-10b），试计算其定位误差。

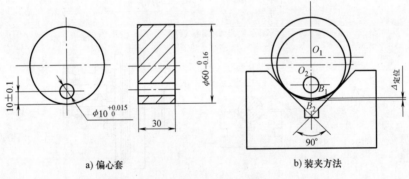

a) 偏心套　　　　b) 装夹方法

图 2-10 在 V 形架夹具上车削偏心孔（一）

10. 将图 2-11a 所示偏心套装夹在 90°V 形架夹具上车削偏心孔（图 2-11b），试计算其定位误差。

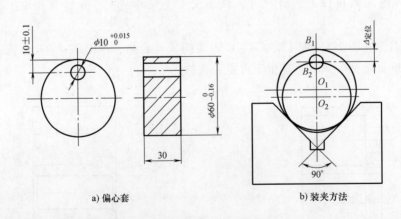

a) 偏心套　　　　b) 装夹方法

图 2-11 在 V 形架夹具上车削偏心孔（二）

(四) 简答题

1. 正确的加工顺序应遵循前工序为后续工序准备基准的原则，具体要求有哪几个方面？
2. 选择各工序机床时，应符合哪些要求？

3. 试编制图 2-12 所示双联齿轮的机械加工工艺卡，每批加工数量为 50 件左右。

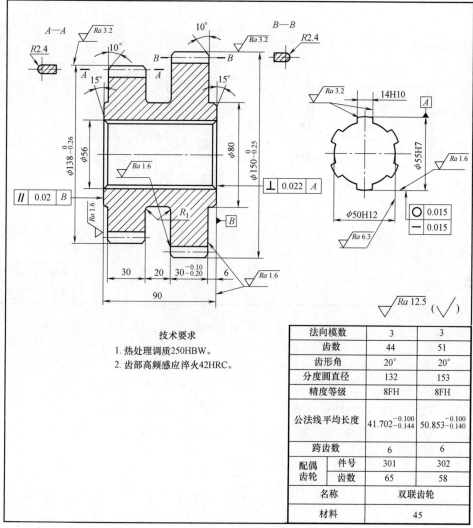

图 2-12 双联齿轮

4. 加工图 2-13 所示的开合螺母，每批数量为 45 件左右，试制订机械加工工艺卡，并画出车削 $\phi38H7$ 孔的车床夹具草图。

5. 何谓定位误差？它包括哪两部分？
6. 工件装夹在夹具中加工时，保证工件加工精度的条件是什么？
7. 车床夹具的使用要求有哪几点？
8. 与专用夹具相比，组合夹具有哪些特点？
9. 组合夹具元件根据定位和夹紧方式可分为哪两大类？各有什么特点？

## 四、参考答案及解析

（一）判断题

1. √  2. ×  3. ×  4. √  5. ×  6. √  7. √  8. ×  9. √  10. √

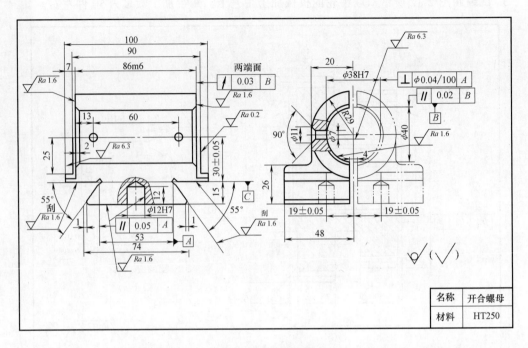

图 2-13 开合螺母

11. √ 12. √ 13. √ 14. √ 15. × 16. √ 17. √ 18. √ 19. × 20. √
21. × 22. √ 23. × 24. √ 25. √ 26. √ 27. √ 28. √ 29. √ 30. ×
31. √ 32. √ 33. √ 34. √ 35. √ 36. × 37. √ 38. × 39. × 40. √
41. √ 42. × 43. √ 44. √ 45. √ 46. √ 47. √ 48. √ 49. √ 50. ×
51. × 52. × 53. √

(二) 选择题

1. A 2. B 3. D 4. C 5. D 6. D 7. C 8. A 9. A 10. D
11. C 12. A 13. A 14. C 15. A 16. B 17. C 18. C 19. A 20. B
21. B 22. C 23. C 24. B 25. A 26. A 27. D 28. D 29. C

(三) 计算题

1. 解：已知 $T_h = 0.033\text{mm}$, $T_s = 0.013\text{mm}$, $EI = 0$, $es = -0.007\text{mm}$。根据公式

$$X_{\min} = EI - es = 0 - (0.007\text{mm}) = 0.007\text{mm}$$

$$\Delta W = \frac{T_h + T_s + X_{\min}}{2} = \frac{0.033 + 0.013 + 0.007}{2} \text{mm} = 0.0265\text{mm}$$

答：定位孔的中心线偏离主轴轴线的最大距离为 0.0265mm，因此，工件能达到图样规定的同轴度要求。

2. 解：查公差与配合知 $T_h = 0.019\text{mm}$, $T_s = 0.019\text{mm}$, $EI = 0$, $es = -0.01\text{mm}$。并测得角铁上定位轴轴线与主轴回转轴线的位移误差 $\Delta W_2 = 0.005\text{mm}$。根据公式

$$X_{\min} = EI - es = 0 - (-0.01\text{mm}) = 0.01\text{mm}$$

$$\Delta W_1=\frac{T_h+T_s+X_{min}}{2}=\frac{0.019+0.019+0.01}{2}mm=0.024mm$$

$$\Delta W=\Delta W_1+\Delta W_2=(0.024+0.005)mm=0.029mm$$

答：定位孔中心线偏离主轴轴线的最大距离为0.029mm，因此能保证工件对称度要求。

3. 解：已知 $T_h=0.021mm$，$T_s=0.013mm$，$EI=0$，$es=-0.007mm$。根据公式

$$X_{min}=EI-es=0-(-0.007mm)=0.007mm$$

$$\Delta W=T_h+T_s+X_{min}=(0.021+0.013+0.007)mm=0.041mm=\pm0.0205mm$$

答：工件定位孔的中心线向两个方向的最大位移量为±0.0205mm，而所需加工外圆对孔的偏心距允许误差为±0.015mm，说明采用该定位方法有一部分工件不能达到图样规定的要求。

4. 解：已知 $T_h=0.025mm$，$T_s=0.025mm$，$EI=0$，$es=-0.009mm$，并测得定位轴轴线对主轴轴线在中心距方向的偏移量为 $\Delta W_2=0.01mm$。根据公式

$$X_{min}=EI-es=0-(-0.009mm)=0.009mm$$

$$\Delta W_1=T_h+T_s+X_{min}=(0.025+0.025+0.009)mm=0.059mm=\pm0.0295mm$$

$$\Delta W=\Delta W_1+\Delta W_2=(0.0295+0.01)mm=0.0395mm$$

答：工件定位孔中心线向中心距两个方向的最大位移量为±0.0395mm，能保证工件图样规定的中心距要求（±0.05mm）。

5. 解：已知 $T_s=0.025mm$，$\alpha=90$。根据公式

$$\Delta W=\frac{T_s}{2\sin\frac{\alpha}{2}}=0.707T_s=0.707\times0.025mm=0.018mm$$

答：工件定位轴轴线在垂直方向上的最大变动量仅为0.018mm，故能保证图样规定的中心距要求(±0.05mm)。

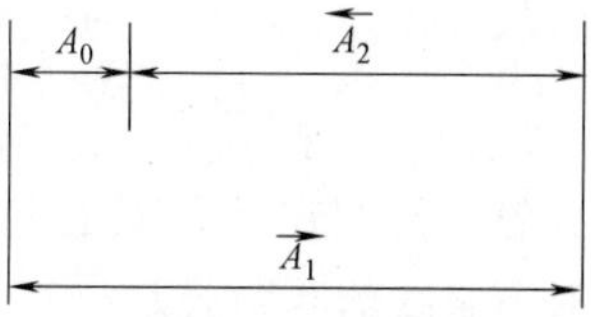

图 2-14　工序尺寸链图

6. 解：根据工件的工序尺寸链图（图2-14）可知：$A_0$ 为封闭环，$A_1$、$A_2$ 为组成环，其中 $A_1$ 为增环，$A_2$ 为减环。

根据公式，孔深度 $A_2$ 的极限尺寸为

$$A_{2max}=A_{1min}-A_{0min}=49.83mm-9.64mm=40.19mm$$

$$A_{2min}=A_{1max}-A_{0max}=50mm-10mm=40mm$$

即 $A_2=40^{+0.19}_{0}mm$。

答：孔深工序尺寸及其偏差为 $40^{+0.19}_{0}mm$。

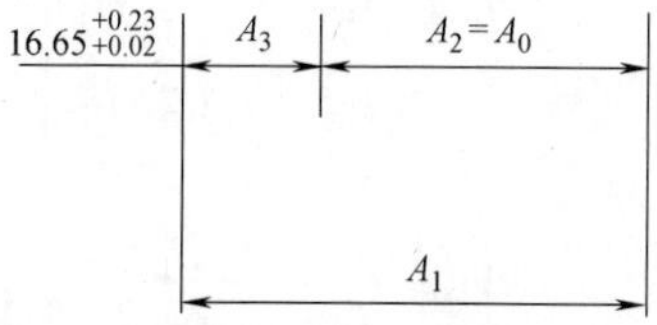

图 2-15　尺寸链图

7. 解：把尺寸画成如图2-15所示的尺寸链图。根据分析可知，B、C表面间的尺寸（即$A_2=A_0$）为封闭环，$A_1$、$A_3$ 为组成环，其中 $A_1$ 为增环，$A_3$ 为减环。

根据公式

$$A_{0max}=A_{1max}-A_{3min}=[60-(16.65+0.02)]mm=43.33mm$$

$$A_{0min}=A_{1min}-A_{3max}=[60-0.1-(16.65+0.23)]mm=43.02mm$$

即 $A_0=43.02\sim43.33mm$ 与 $A_2=43\sim43.35mm$ 相符。

答：测得工件 $A$、$B$ 表面间的尺寸为 $16.67 \sim 16.88\text{mm}$，均在 $B$、$C$ 表面间的尺寸公差范围内，工件全部合格。

8. 解：按图示位置画出尺寸链图（图2-16），假设存在间隙，故将 $A_1$ 尺寸画得长于 $A_2$ 与 $A_3$ 之和。根据尺寸链图分析，因间隙是由工件的有关尺寸控制的，故属封闭环，$A_1$ 为增环，$A_2$、$A_3$ 为减环。

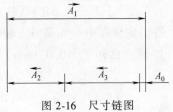

图 2-16　尺寸链图

根据公式

$$A_{0\max} = A_{1\max} - A_{2\min} - A_{3\min}$$
$$= [45-(20-0.15)-(25-0.03)]\text{mm} = 0.18\text{mm}$$
$$A_{0\min} = A_{1\min} - A_{2\max} - A_{3\max}$$
$$= [(45-0.05)-(20-0.1)-(25+0.03)]\text{mm} = 0.02\text{mm}$$

答：最大间隙为 $0.18\text{mm}$，最小间隙为 $0.02\text{mm}$。

9. 解：由于工件的设计基准是定位圆柱的下素线，工件直径由上极限尺寸变化到下极限尺寸时，工件在 V 形架中的轴心 $O_1$ 下移至 $O_2$，工件下素线 $B_1$ 下移至 $B_2$，此时 $B_1$ 与 $B_2$ 间的误差就是定位误差。即

$$\Delta_{\text{定位}} = \overline{B_1B_2} = \overline{O_1O_2} + \overline{O_2B_2} - \overline{O_1B_1}$$

由于 $O_1O_2 = \dfrac{T_s}{2\sin\dfrac{\alpha}{2}} = 0.707 T_s$，$O_1B_1 = \dfrac{d}{2}$，$O_2B_2 = \dfrac{d-T_s}{2}$

故 $\Delta_{\text{定位}} = \dfrac{T_s}{2\sin\dfrac{\alpha}{2}} + \dfrac{d-T_s}{2} - \dfrac{d}{2} = \dfrac{T_s}{2}\left(\dfrac{1}{\sin\dfrac{\alpha}{2}} - 1\right) = 0.08\text{mm} \times (1.414-1) = 0.033\text{mm}$

答：外圆在 V 形架上定位后，最大定位误差 $\Delta_{\text{定位}} = 0.033\text{mm}$，能保证 $\phi 10^{+0.015}_{\ 0}\text{mm}$ 孔中心线对下素线的孔距公差。

10. 解：由于工件设计基准是定位圆柱的上素线，工件直径由上极限尺寸变化到下极限尺寸时，工件在 V 形架中的轴心 $O_1$ 下移至 $O_2$，工件上素线 $B_1$ 下移至 $B_2$，此时 $B_1$ 与 $B_2$ 间的误差就是定位误差。即

$$\Delta_{\text{定位}} = O_1O_2 + O_1B_1 - O_2B_2$$

由于 $O_1O_2 = \dfrac{T_s}{2\sin\dfrac{\alpha}{2}}$，$O_1B_1 = \dfrac{d}{2}$，$O_2B_2 = \dfrac{d-T_s}{2}$

故 $\Delta_{\text{定位}} = \dfrac{T_s}{2\sin\dfrac{\alpha}{2}} + \dfrac{d}{2} - \dfrac{d-T_s}{2} = \dfrac{T_s}{2}\left[\dfrac{1}{\sin\dfrac{\alpha}{2}} + 1\right] = 0.08\text{mm} \times (1.414+1) = 0.193\text{mm}$

答：外圆在 V 形架上定位后，最大定位误差 $\Delta_{\text{定位}} = 0.193\text{mm}$，所以不能保证 $\phi 10^{+0.015}_{\ 0}\text{mm}$ 孔中心线对上素线的孔距公差。

（四）简答题

1. 答：即先用粗基准加工精基准，再用精基准来加工其他表面，具体要求如下：

1）先粗车后精车（先粗后精）。
2）先主要表面后次要表面（先主后次）。
3）先考虑基面（基面优先）。
4）先外表面后内表面（先面后孔）。

同时，在安排加工顺序时，要注意退刀槽、倒圆及倒角等工步的安排。

2. 答：选择机床时应符合下列要求：
1）机床的规格应与工件尺寸大小相适应。
2）机床的精度应与工件在该工序的加工精度相适应。
3）机床的生产率应与工件的生产类型相适应。

3. 答：（答案提示）
1）双联齿轮尺寸较大，毛坯宜采用锻件。
2）为了简化工序，可将调质工序放在粗车之前（一般放在粗车之后）。
3）用软卡爪装夹较理想，工件可以多次调头装夹，一般仍可保证同轴度误差和垂直度误差为 0.05mm 左右。
4）花键两端孔口倒角 15°，在粗车时应车至尺寸，并应去除端面精车余量。
5）由于内花键在拉削时无法保证齿顶圆及外圆的同轴度，因此在精车齿坯时，一定要装夹在花键心轴上进行，为此，粗车齿坯时，齿顶圆、外圆及端面必须留有精车余量。
6）齿部淬硬以后，会产生变形而影响齿形精度。因此，在淬齿工序后要安排珩磨齿形工序。

4. 答：（答案提示）
1）工件毛坯为铸件，为加工方便，整体加工后铣割成左、右两件。
2）为保证 $\phi$38H7 孔与外形的相对位置正确，加工或设计铣（刨）燕尾槽夹具时，应选择 $\phi$58mm（即 $R$29mm）外形轴线作为粗基准。
3）为保证工件的位置精度，燕尾槽应进行刮削或磨削。
4）加工 $\phi$38H7 孔及两端面时，可将工件装在花盘角铁夹具上进行车削。
5）根据图样标注的位置精度要求，工件应以燕尾槽为定位精基准，在一面可用镶条或燕尾压板消除工件与夹具之间的间隙。夹具上的几何公差要求，应选择在工件公差的 1/2～1/3 范围内。
6）为保证 $\phi$12H7 孔中心线与 $\phi$38H7 孔中心线距（19±0.05）mm，在钻、铰 $\phi$12H7 孔时，必须使用钻模，钻模的定位基准应选择 $\phi$38H7 孔。

5. 答：由定位方法产生的误差称为定位误差。定位误差包括基准位移误差和基准不重合误差两部分。

6. 答：为了保证工件的加工精度，必须将定位误差、夹具的制造及安装误差以及加工过程误差之和控制在加工尺寸公差（$T$）的范围内。即

$$\Delta_{定} + \Delta_{制\_定} + \Delta_{工} \leq T$$

7. 答：使用车床夹具时应注意以下几点要求：
1）检查夹具定位基准与设计基准或测量基准是否重合。
2）夹紧力要与支承件对应。

3) 薄壁工件尽量不采用径向夹紧的方法，而应使用轴向夹紧的方法。

4) 可采用增加工艺撑头的办法来增加工件的装夹刚性。

8. 答：组合夹具与专用夹具相比，有以下特点：

1) 可以缩短生产准备周期。

2) 可以节省人力和物力。

3) 可以减少夹具存放的库房面积和保管人员。

9. 答：根据定位和夹紧方式的不同，组合夹具元件可分为槽系和孔系两大类。槽系组合夹具主要元件表面上分布有矩形槽或T形槽，组装时通过键和螺钉实现元件间的相互定位和紧固。孔系组合夹具主要元件表面上分布有光孔或内螺纹孔，组装时通过圆柱定位销和螺栓实现元件间的相互定位和锁紧。

# 理论知识模块 2　轴类工件加工

## 一、考核范围（图 2-17）

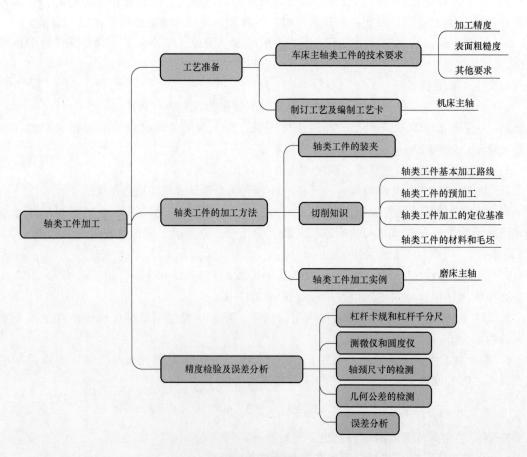

图 2-17　考核范围

## 二、考核要点详解（表 2-2）

表 2-2 考核要点

| 序号 | 考核要点 |
| --- | --- |
| 1 | 车床主轴类工件的技术要求、工艺卡编制 |
| 2 | 轴类工件的装夹方法、加工路线、定位基准、毛坯和材料的选择 |
| 3 | 杠杆卡规、杠杆千分尺的结构、读数原理和使用 |
| 4 | 测微仪、圆度仪的结构、读数原理和使用 |
| 5 | 车削主轴类工件时所产生误差的种类、原因及预防方法 |

## 三、练习题

**（一）判断题**（对的画"√"，错的画"×"）

1. 工件的精度和表面粗糙度在很大程度上取决于主轴的刚度和回转精度。（    ）
2. 轴的加工精度主要是尺寸精度。（    ）
3. 轴的形状误差直接影响与其相配合的工件的接触质量和回转精度。（    ）
4. 主轴既是台阶轴又是空心轴，并且是 $L/d<12$ 的刚性轴。（    ）
5. 采用双顶尖装夹的方式，可以有效避免工件表面的装夹变形，保证工件的加工精度。（    ）
6. 采用自定心卡盘装夹工件台阶表面（长轴可采用顶尖进行辅助支承），利用台阶防止工件加工时产生径向圆跳动。（    ）
7. 轴类工件在车削外圆之前，不需要进行准备工序。（    ）
8. 杠杆卡规是利用杠杆齿轮传动放大原理制成的量仪，它的分度值常见的有 0.002mm 和 0.005mm 两种。（    ）
9. 杠杆千分尺是由外径千分尺的微分筒部分和杠杆卡规中的指示机构组合而成的一种精密量具。（    ）
10. 杠杆千分尺只可用于相对测量，不可用于绝对测量。（    ）
11. 可用量块来调整杠杆千分尺指示部分的指针零位。（    ）
12. 将杠杆卡规装夹在保持架上进行测量，是为了防止热变形造成测量误差。（    ）
13. 测微仪又称比较仪，其精度比千分表高，量程也比千分表大。（    ）
14. 使用测微仪时通常装在专用支架上，以量块为基准件，用相对比较法测量精密工件的尺寸，也可用于工件几何误差的测量。（    ）
15. 扭簧测微仪结构脆弱、测量范围小、无空行程，使用时应仔细调整测头与工件间的距离。（    ）
16. 圆度误差用一般量具很难测量精确，应该使用圆度仪来测量。（    ）
17. 杠杆千分尺比普通千分尺的测量精度要高。（    ）
18. 增加刀尖圆弧半径，表面粗糙度值减小，所以刀尖圆弧半径越大越好。（    ）

19. 减小主偏角对减小表面粗糙度值效果较明显。（  ）

20. 杠杆千分尺既可做相对测量也可做绝对测量，其分度值有 0.001mm 和 0.005mm 两种。（  ）

21. 使用杠杆卡规时，不需要按退让按钮让工件和测量杆砧面接触。（  ）

22. 用杠杆卡规测量工件直径时，应以指针的转折点读数为正确测量值。（  ）

23. 比较仪既可用于相对测量，也可用于绝对测量。（  ）

24. 扭簧比较仪结构简单，放大倍数大，放大机构中没有摩擦和间隙，灵敏度高。（  ）

25. 要减小表面粗糙度值，采用减小主偏角比减小副偏角的效果更好。（  ）

26. 采用合适的切削液是消除积屑瘤、鳞刺和增大表面粗糙度值的有效方法。（  ）

27. 选择定位基准时，应尽量使其与装配基准重合和使各工序的基准统一，并且应考虑在一次安装中尽可能加工出较多的表面。（  ）

28. 大批生产和小批生产的工艺过程是一样的。（  ）

29. 对于钢铁材料和精度要求较高、表面粗糙度值要求较小且需要淬硬的工件，从粗车到半精车，再到精车的加工路线是最好的选择。（  ）

（二）选择题（将正确答案的序号填入括号内）

1. 主轴锥孔是用来安装顶尖或工具锥柄的，其轴线与两支承轴颈轴线应尽量同轴，否则将影响机床精度，会使工件产生（  ）误差。

   A. 圆柱度　　　　　　　　B. 圆跳动
   C. 垂直度　　　　　　　　D. 同轴度

2. 在加工中为了保证各主要表面的相互位置精度，选择定位基准时应尽量能使其与（  ）重合和使各工序的基准统一。

   A. 装配基准　　　　　　　B. 设计基准
   C. 加工基准　　　　　　　D. 测量基准

3. 采用工件台阶限位的一夹一顶装夹，多用于（  ）。

   A. 粗加工　　　　　　　　B. 半精加工
   C. 精加工　　　　　　　　D. 超精加工

4. 轴类工件加工中，外圆表面，锥孔、螺纹表面的（  ），端面对旋转轴线的垂直度都是位置精度的重要体现。

   A. 圆柱度　　　　　　　　B. 圆跳动
   C. 垂直度　　　　　　　　D. 同轴度

5. 一般轴类工件材料常用（  ），根据不同的工作条件采用不同的热处理工艺，以获得一定的强度、韧性和耐磨性。

   A. 铸铁　　　　　　　　　B. 45 钢
   C. A3 钢　　　　　　　　 D. 不锈钢

6. （  ）是带有精密杠杆齿轮传动机构的指标式千分量具。

   A. 杠杆卡规　　　　　　　B. 圆度仪

C. 测力仪　　　　　　　　　D. 水平仪

7. 测微仪又称比较仪，其分度值一般为（　　）mm。
   A. 0.01~0.02　　　　　　B. 0.02~0.05
   C. 0.002~0.005　　　　　D. 0.001~0.002

8. 工件用两顶尖装夹时必须松紧合适，若回转顶尖产生径向圆跳动，则会影响工件的（　　）。
   A. 圆柱度　　　　　　　　B. 圆度
   C. 锥度　　　　　　　　　D. 同轴度

9. 使用测微仪测量，在主轴回转一周过程中，记录测量一个横截面上的最大与最小读数。按上述方法，连续测量若干个横截面，然后取各截面内所测得的所有读数中最大与最小读数（　　），即为圆柱度误差。
   A. 之差　　　　　　　　　B. 之差的 2 倍
   C. 之差的一半　　　　　　D. 之和

10. 若车床主轴与床身导轨的平行度超差，则车削轴类工件时会产生（　　）误差。
    A. 圆柱度　　　　　　　　B. 圆度
    C. 锥度　　　　　　　　　D. 同轴度

11. 机床主轴一般为精密主轴，它的功用为支承传动件、传递转矩，除承受交变弯曲应力和扭应力外，还受（　　）作用。
    A. 冲击载荷　　　　　　　B. 高速运转
    C. 切削力

12. 对于机床主轴的直径尺寸通常规定有严格的公差要求，如套齿轮和装轴承的轴颈的公差等级通常为（　　）。
    A. IT7~IT9　　　　　　　B. IT5~IT7
    C. IT3~IT5　　　　　　　D. IT2~IT3

13. 机床主轴毛坯锻造后，应首先安排热处理（　　）工序（毛坯热处理）。
    A. 调质或正火　　　　　　B. 正火或退火
    C. 渗碳或渗氮　　　　　　D. 发黑处理

14. 精度要求较高、工序较多的机床主轴的两端定位中心孔应选用（　　）型。
    A. A　　　　　　　　　　 B. B
    C. C　　　　　　　　　　 D. R

15. 调整滑板镶条，使间隙小于（　　）mm，并使移动平稳轻便。
    A. 0.01　　　　　　　　　B. 0.02
    C. 0.03　　　　　　　　　D. 0.04

16. 普通精度的轴，配合轴颈对支承轴颈的径向圆跳动误差一般为（　　）mm。
    A. 0.01~0.03　　　　　　B. 0.02~0.03
    C. 0.03~0.05　　　　　　D. 0.01~0.05

17. 毛坯锻造后，首先安排热处理（　　）工序。目的是消除锻造应力，改善金属组织、细化晶粒，降低毛坯硬度，便于切削加工。

A. 退火

B. 正火

C. 淬火

D. 回火

（三）简答题

1. 杠杆卡规和杠杆千分尺都是利用杠杆和齿轮传动放大原理制成的，它们在测量上有什么区别？

2. 为什么杠杆千分尺的测量精度较高？

3. 使用杠杆卡规和杠杆千分尺时应注意些什么？

## 四、参考答案及解析

（一）判断题

1. √　2. ×　3. √　4. √　5. √　6. √　7. ×　8. √　9. √　10. ×
11. √　12. √　13. ×　14. √　15. √　16. √　17. √　18. ×　19. ×　20. ×
21. ×　22. √　23. ×　24. √　25. ×　26. ×　27. √　28. ×　29. ×

（二）选择题

1. D　2. A　3. B　4. D　5. B　6. A　7. D　8. B　9. C　10. C
11. A　12. B　13. B　14. B　15. D　16. A　17. B

（三）简答题

1. 答：杠杆千分尺既可如杠杆卡规那样进行相对测量，也可以像千分尺那样做绝对测量。

2. 答：杠杆千分尺不仅读数精度较高，而且因尺架的刚度较大，测量力由小弹簧产生，比普通千分尺的棘轮装置所产生的测量力稳定，故测量精度较高。

3. 答：使用杠杆卡规和杠杆千分尺时应注意：

1）用杠杆卡规或杠杆千分尺做相对测量前，应按被测工件的尺寸，用量块组调整指针的零位，固定可调测砧或微分筒。再多次按动退让按钮，当示值稳定后才能进行测量。检验成批产品时，可根据工件公差范围调整误差指示器到所需的位置。检验时若指针位于公差指示范围内，则产品合格。

2）测量工件时，应按动退让按钮后进入测量位置，并使测量杆砧面与工件轻轻接触，不能硬卡，以免测量面磨损及影响精度。

3）测量工件直径时，应摆动杠杆卡规（杠杆千分尺）或被测工件，以指针的转折点读数为正确测量值。

4）为了防止热变形和提高测量精度，可将杠杆卡规（或杠杆千分尺）夹在保持架上进行测量。

# 理论知识模块 3　套类工件及深孔加工

## 一、考核范围（图 2-18）

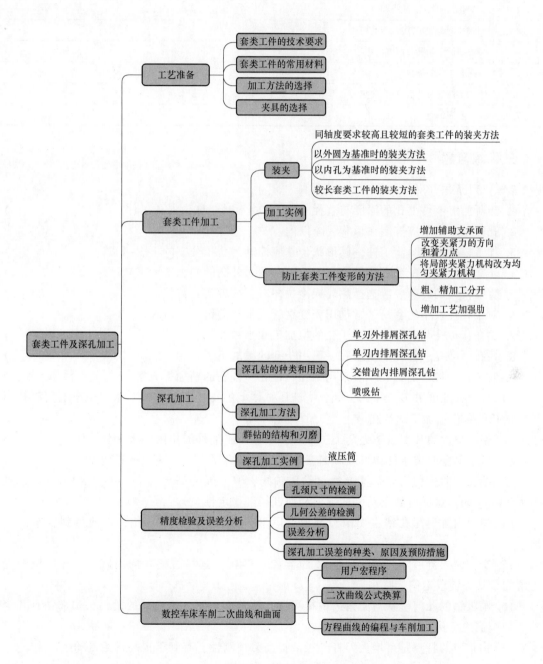

图 2-18　考核范围

## 二、考核要点详解（表 2-3）

表 2-3　考核要点

| 序号 | 考核要点 |
| --- | --- |
| 1 | 套类工件的技术要求、材料及毛坯、装夹方法、加工方法 |
| 2 | 深孔钻的特点、种类 |
| 3 | 深孔的精加工方法、刀具 |
| 4 | 群钻的结构和刃磨方法 |
| 5 | 深孔工件的测量 |
| 6 | 二次曲线公式换算、程序编写 |
| 7 | 宏程序编写 |

## 三、练习题

**(一) 判断题**（对的画"√"，错的画"×"）

1. 当所加工零件上孔的深度与直径之比 $L/D \geq 5$ 时，称为深孔工件。　　　　　　　　（　　）
2. 孔径公差一般应控制在形状公差以内。　　　　　　　　（　　）
3. 加工较精密的套筒工件，其形状公差应控制为孔径公差的 1/3～1/2。　　　　　　　　（　　）
4. 若套筒是在装配前进行最终加工，则内孔对外圆的同轴度要求较高。　　　　　　　　（　　）
5. 直径较大的套筒一般选择热轧或冷拉棒料，或者实心铸件。　　　　　　　　（　　）
6. 对于直径较小的套筒，常选用无缝钢管或带孔的铸件、锻件。　　　　　　　　（　　）
7. 钻孔、扩孔与车孔一般用于孔的粗加工和半精加工。　　　　　　　　（　　）
8. 铰孔、磨孔、拉孔和研磨孔一般用于孔的精加工。　　　　　　　　（　　）
9. 对于孔径较小的孔，一般采用钻孔→镗孔→铰孔的精加工方案。　　　　　　　　（　　）
10. 一般深孔的 $L/D = 5～20$，如各类液压缸体上的孔，可在卧式车床、钻床上用深孔刀具或接长的麻花钻加工此类孔。　　　　　　　　（　　）
11. 使用弹性膜片卡盘装夹套类工件时，应始终施加外加作用力来夹紧工件。　　　　　　　　（　　）
12. 对于薄壁套类工件，可改轴向夹紧力为径向夹紧力，以减少夹紧变形。　　　　　　　　（　　）
13. 枪孔钻的主切削刃基本上通过钻头轴线，但一般略高于钻心（0.01～0.015）$d$，且不大于 0.4mm，这样有利于钻头的导向和保证切削稳定性。　　　　　　　　（　　）
14. 单刃内排屑深孔钻主切削刃磨成台阶形，目的是起分屑作用，以便得到较窄的切屑。　　　　　　　　（　　）
15. 交错齿内排屑深孔钻的顶角取 $2\phi = 125～140°$，这样可使背向力减小、导向块的受力均匀、钻头轴线走偏量减小。　　　　　　　　（　　）
16. 喷吸钻的几何形状与交错齿内排屑深孔钻基本相同，所不同的是钻头颈部钻有几个喷射切削液的小孔。　　　　　　　　（　　）
17. 内排屑的特点是可增大刀杆外径，提高刀杆刚性，有利于提高进给量和生产率。　　　　　　　　（　　）
18. 在深孔钻镗床上，用深孔刀具加工大型套类工件及轴类工件的深孔时，应采用工件

旋转、刀具旋转并做进给运动的加工方式。这种加工方式的钻削速度高,因此钻孔精度及生产率较高。（　）

19. 珩磨加工能修正被加工孔的中心线位置误差。（　）
20. 滚压过盈量过小将直接影响表面粗糙度,使工件表面产生"脱皮"现象。（　）
21. 孔的圆度误差可用内径百分表或内径千分表测量,在测量截面内的各个方向上进行测量,取最大值与最小值之差即为单个截面上的圆度误差。（　）
22. 薄壁工件在夹紧力、切削力的作用下,易产生变形、振动,影响工件精度。（　）
23. 长度较短、直径较小的薄壁工件可一次装夹车削。（　）
24. 粗车薄壁工件时,夹紧力要小,以减少由夹紧力引起的变形。（　）
25. 为了减少工件变形,薄壁工件不能用轴向夹紧的方法。（　）
26. 适当增大前角、主偏角、刃倾角,减小刀尖圆弧半径,降低切削力,并使刀具保持锐利状态,可减少薄壁工件的变形。（　）
27. 深孔加工一般需使用特殊刀具和特殊附件,对切削液的流量和压力没有要求。（　）
28. 深孔钻削的关键技术有深孔钻的几何形状和冷却排屑问题。（　）
29. 枪孔钻的钻尖正好在回转中心处,所以定心好。（　）
30. 喷吸钻少部分切削液由头部小孔进入切削区,大部分切削液通过月牙喷嘴向后高速喷射,内套管前后形成很大的压力差,使切屑顺利地从内套管排出。（　）
31. 套料刀的刀片采用燕尾结构嵌入刀体,为保证逐步切入分屑良好,相邻刀片顶部应相距0.3mm。（　）
32. 高压内排屑深孔钻比喷吸式深孔钻好密封。（　）
33. 滚压加工是通过硬度很高的圆锥形滚柱对工件表面进行挤压,使工件产生塑性变形,降低表面粗糙值和提高表面硬度。（　）
34. 群钻是将标准麻花钻的"一尖三刃"磨成了"三尖七刃"。（　）
35. 在主程序中,只要编入相应的调用指令就能实现调用宏程序进行工件加工的功能。（　）
36. 在用户宏程序中,可以使用变量进行编程,还可以用宏指令对这些变量进行赋值、运算等处理。（　）
37. 在用户宏程序中,变量是由符号"#"和其后的变量号码组成的。（　）
38. 宏程序数学运算时函数中的括号用于改变运算顺序,函数中的括号允许嵌套使用,但最多只允许嵌套5层。（　）
39. 非圆曲线轮廓拟合数学处理方法中,采用直线段拟合时常见的处理方法有等步距法、等误差法、等程序段法等。（　）
40. 非圆曲线轮廓拟合数学处理方法中,采用圆弧段拟合时常见的处理方法有曲率圆法、三点圆法、相切圆法等。（　）
41. 对于内孔加工,方程曲线车削加工的走刀路线选用类似G72的走刀路线较好,此时镗刀杆可粗一些,易保证加工质量。（　）
42. 用方程曲线精加工椭圆时,用直角坐标方程比较方便。（　）

(二) 选择题（将正确答案的序号填入括号内）

1. 当所加工工件上孔的深度与直径之比（　　）时，称为深孔工件。
   A. ≥5　　　B. <5　　　C. ≤10　　　D. ≥20

2. 对于较精密的套筒，其形状公差一般应控制在孔径公差的（　　）以内。
   A. 2~3倍　　　B. 1/3~1/2　　　C. 1/2~3/2　　　D. 1~2倍

3. 若将套筒装入机座上的孔之后再进行最终加工，则位置精度要求（　　）。
   A. 较高　　　B. 非常高　　　C. 不变　　　D. 较低

4. 若套筒是在装配前完成最终加工的，则套筒内孔对外圆的同轴度要求（　　）。
   A. 较高　　　B. 不变　　　C. 较低　　　D. 非常低

5. 小批量生产套筒工件时，对直径较小（如 $D<20$mm）的套筒一般选择（　　）。
   A. 无缝钢管　　　　　　B. 带孔铸件或锻件
   C. 型材　　　　　　　　D. 热轧或冷拉棒料

6. 小批量加工（　　）的孔时，常采用钻孔→扩孔→铰孔的方案。
   A. 较小孔径　　　B. 较大孔径　　　C. 淬火钢　　　D. 精度较高

7. 在卧式车床或钻床上，采用深孔刀具或接长麻花钻加工深孔的方法适用于（　　）。
   A. 一般深孔（$L/D=10~20$）　　　B. 中等深孔（$L/D=20~30$）
   C. 特殊深孔（$L/D=30~100$）　　　D. 一般孔（$L/D<5$）

8. 车削薄壁工件时应控制主偏角，使进给力 $F_f$ 和背向力 $F_p$ 朝向工件（　　）的方向减小。
   A. 刚性差　　　B. 刚性好　　　C. 轴线45°　　　D. 轴线60°

9. 切削薄壁工件时，与一般加工相比切削速度应选择（　　）。
   A. 同样的值　　　B. 较高的值　　　C. 较低的值　　　D. 高低值均可

10. 群钻的特点是（　　）。
    A. "一尖三刃"　　　B. "三尖七刃"　　　C. "二尖五刃"　　　D. "三尖六刃"

11. 群钻的锋角 $2\phi=$（　　）。
    A. 118°　　　B. 120°　　　C. 90°　　　D. 135°~140°

12. 一般钢件滚压过盈量为（　　）mm。
    A. 0.1~0.12　　　B. 0.1~0.2　　　C. 0.08~0.1　　　D. 0.12~0.2

13. 滚压次数一般不要超过（　　），否则会产生"脱皮"现象。
    A. 12　　　B. 2　　　C. 3　　　D. 4

14. 珩磨比其他加工方法的机床精度要求（　　）。
    A. 高　　　B. 低　　　C. 一样　　　D. 无法比较

15. （　　）钻孔方式主要应用在工件特别大且笨重的场合。
    A. 工件旋转，刀具不转只进给　　　B. 工件旋转、刀具旋转并进给
    C. 工件不转，刀具旋转并进给　　　D. 工件不转，刀具不转只进给

16. 用户宏程序与子程序的主要区别在于（　　）。
    A. 调用方式不同　　　　　　B. 程序号不同
    C. 使用了变量　　　　　　　D. 程序结束指令不同

17. 用户宏程序功能是数控系统具有各种（　　）功能的基础。

A. 自动编程     B. 循环编程     C. 手工编程     D. 纸带打印

18. FANUC 0iB 系统中，用户宏程序分为（ ）。

A. D 类和 E 类           B. C 类和 D 类

C. B 类和 C 类           D. A 类和 B 类

19. FANUC 0iB 系统中，下列选项中正确的变量表示方式是（ ）。

A. #（#3+#10）         B. #［#3+#10］

C. #-10                     D. #［3-10］

20. 对于 FANUC 0iB 系统，下列选项中正确的变量引用方式是（ ）。

A. N#1                    B. /#1

C. F（#1+#2）           D. X-#1

21. FANUC 0iB 系统中，下列选项中属于局部变量的是（ ）。

A. #0                      B. #1

C. #100                   D. #500

22. FANUC 0iB 系统中，设#1=1.23456，机床脉冲当量为 0.001mm，执行 G91 G01 X#1 F100.；后，刀具的实际位移量为（ ）mm。

A. 1.23456     B. 1.2346     C. 1.234     D. 1.235

23. FANUC 0iB 系统中，设#1=5，#2=25，则#3=#1-#2/#1 的结果为（ ）。

A. #3=〈空〉     B. #3=0     C. #3=-4     D. #3=10

24. FANUC 0iB 系统中，设#1=6，#2=3，则#3=#1 AND #2 的结果为（ ）。

A. #3=7     B. #3=6     C. #3=3     D. #3=2

25. FANUC 0iB 系统中，下列选项中表示求平方根的运算函数是（ ）。

A. #i=ATAN［#j］          B. #i=SQRT［#j］

C. #i=ABS［#j］           D. #i=EXP［#j］

26. FANUC 0iB 系统中，变量运算表达方式中，可以用（ ）改变运算的优先次序。

A. < >     B. { }     C. ( )     D. [ ]

27. FANUC 0iB 系统中，设#1=-100，执行 N300 GOTO#1；程序段后，程序（ ）

A. 跳转到 N100          B. 发生 P/S 警报

C. 跳转到 N400          D. 跳转到 N200

28. FANUC 0iB 系统中，设#1=5，#3=8，执行 IF［#1EQ5］THEN#3=-4；程序段后，#3 的值为（ ）。

A. 5     B. 4     C. 8     D. -4

29. FANUC 0iB 系统中，下列条件表达式运算中，表示大于等于的是（ ）

A. GT     B. GE     C. LT     D. LE

30. FANUC 0iB 系统中，while 循环语句最多可以嵌套（ ）。

A. 6 级     B. 5 级     C. 4 级     D. 3 级

31. FANUC 0iB 系统中，G65 和 M98 都可以调用宏程序，它们的区别是（ ）。

A. M98 可以指定自变量，G65 不能

B. G65 可以指定自变量，M98 不能

C. G65 只能调用一次宏程序，M98 可以多次调用

D. M98 只能调用一次宏程序，G65 可以多次调用

32. O0001；

...

N30#1 = 10；

N40 G65 P9010 A5. ；

FANUC 0iB 系统中，执行 N40 程序段后，O0001 和 O9010 程序中 #1 的值分别为（  ）。

A. 5. 和 10.　　　　　　　　B. 5. 和 5.

C. 10. 和 10.　　　　　　　D. 10. 和 5.

33. FANUC 0iB 系统中，G 指令调用宏程序时，参数 No.6050～No.6059 对应的用户宏程序为 O9010～O9019，现设参数 6055 = 81，则 G81 所调用的宏程序号是（  ）。

A. O9014　　　　　　　　　B. O9015

C. O9016　　　　　　　　　D. O6055

34. FANUC 0i B 系统中，M 指令调用宏程序时，参数 No.6080～No.6089 对应的用户宏程序为 O9020～O9029，现设参数 6085 = 60，则 M60 所调用的宏程序号是（  ）。

A. O6085　　B. O0060　　C. O9024　　D. O9025

35. FANUC 0iB 系统中，在变量赋值方法 I 中，引数（自变量）B 对应的变量是（  ）。

A. #1　　　B. #2　　　C. #3　　　D. #4

36. 在用户宏程序中，作为地址符不能引用的变量（  ）。

A. N　　　B. F　　　C. S　　　D. O

（三）简答题

1. 交错齿内排屑深孔钻有什么优点？

2. 如何选择珩磨头上磨条的材料？

3. 以外圆为基准，车薄壁套内孔时，为防止夹紧变形，在夹紧装置上应采取哪些措施？

4. 深孔工件加工有何特点？

5. 车深孔时，为防止车刀杆因悬伸过长而产生变形和振动，应采取哪些措施？

6. 珩磨加工为什么不能修正相互位置精度？

7. 如何进行深孔滚压？滚压前对内孔有何要求？

8. 套类工件对内孔的主要技术要求有哪些？

四、参考答案及解析

（一）判断题

1. √　2. ×　3. √　4. √　5. ×　6. ×　7. √　8. √　9. ×　10. √

11. ×　12. ×　13. ×　14. √　15. √　16. √　17. ×　18. √　19. √　20. √

21. ×　22. √　23. √　24. ×　25. √　26. √　27. ×　28. √　29. √　30. ×

31. √　32. ×　33. √　34. √　35. √　36. √　37. ×　38. √　39. √　40. √

41. √　42. ×

（二）选择题

1．A　2．B　3．D　4．A　5．D　6．A　7．B　8．A　9．C　10．B
11．D　12．A　13．B　14．B　15．C　16．A　17．B　18．D　19．B　20．D
21．B　22．B　23．B　24．B　25．B　26．B　27．B　28．B　29．B　30．D
31．B　32．D　33．B　34．D　35．B　36．A

（三）简答题

1．答：交错齿内排屑深孔钻是把切削齿错开分列两边，其目的是保证分屑可靠，便于形成切屑容积系数较小的切屑，有利于排屑，刀片散热条件及切削刃上的背向力可以得到合理的平衡。

2．答：磨条的材料应根据工件材料而定，珩磨铸铁工件时，选用黑色碳化硅磨料；珩磨调质钢料工件时，一般选用刚玉类磨料。粗珩磨时，磨条粒度为 80~100；精珩磨时，以表面粗糙度值 $Ra0.8\mu m$ 为例，磨条粒度为 180~240。

工件材料较软时采用硬磨条；工件材料较硬时采用软磨条。

3．答：应采取的措施有以下几方面：

1）增加辅助支承面，以提高薄壁工件在切削过程中的刚性。

2）改变夹紧力的方向和着力点。选择轴向夹紧；尽量使夹紧力的方向与切削力的方向一致，夹紧力的着力点应落在支承点的正对面和切削力作用部位的附近。

3）改变夹紧机构，将局部夹紧力机构改为均匀夹紧力机构。

4）增加工艺加强肋，以减少装夹变形。

4．答：加工深孔工件时，有以下几方面特点：

1）孔中心线容易歪斜，钻削时钻头容易引偏。

2）刀杆受内孔直径限制，刚性差，车削时容易产生振动和"让刀"现象。

3）排出切屑的通道长且狭窄，使切屑不易排出。

4）切削液输入困难，散热困难，使切削温度升高，钻头容易磨损。

5）加工时很难观察孔内的加工情况，加工质量不易控制。

5．答：车削深孔时，为防止刀杆因悬伸过长而产生变形和振动，在车刀头的前端和后面装有导向块。车深孔前应车一个引导孔，使车刀头的前导向块支承在孔内，以增加刀杆的刚度。

6．答：一般珩磨头是通过销轴与刀杆相连接的，珩磨头的浮动由工件孔进行导向，所以不能对被加工孔的中心线位置进行修正。

7．答：滚压加工是通过硬度很高的滚珠（或滚柱），对工件表面进行挤压，使工件表面产生塑性变形，将其微观不平度压光挤平，从而提高表面的光洁程度和硬度。深孔滚压一般采用圆锥形滚柱进行滚压，滚柱前端磨出 $R2mm$ 的圆弧，与圆锥面光滑连接，滚压时，滚柱表面与工件表面形成 $0.5°~1°$ 的后角，以减少滚柱挤压时的接触面，从而降低表面粗糙度值。

滚压前，内孔应经过浮动铰刀精加工，表面粗糙度值不大于 $Ra5\mu m$，并清理孔壁，去除油污及切屑，防止滚压后产生"麻点"。

8．答：内孔是套类工件上起支承或导向作用的最主要表面，通常与运动着的轴、刀具或活塞相配合，其技术要求如下：

（1）尺寸公差　一般为IT7级，精密轴承套为IT6级。

（2）形状公差　一般应控制在孔径公差以内，较精密的套筒应控制为孔径公差的1/3～1/2，甚至更小。对长套筒除了有圆度要求外，还应有圆柱度要求。

（3）表面粗糙度　一般表面粗糙度值为 $Ra\ 0.16\sim 2.5\mu m$，某些精密套筒要求更高。

## 理论知识模块4　偏心工件及曲轴加工

### 一、考核范围（图2-19）

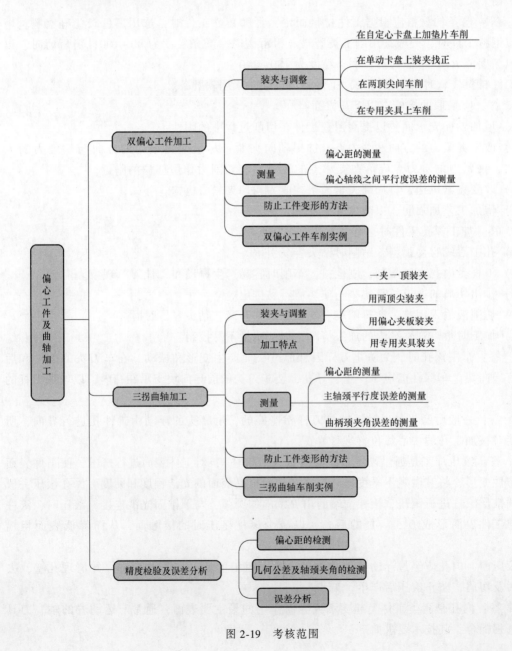

图2-19　考核范围

## 二、考核要点详解（表2-4）

表2-4 考核要点

| 序号 | 考核要点 |
|---|---|
| 1 | 偏心工件的装夹与调整、测量及防止工件变形的方法 |
| 2 | 曲轴工件的特点、装夹与调整、测量及防止工件变形的方法 |

## 三、练习题

**（一）判断题**（对的画"√"，错的画"×"）

1. 用偏心套夹具装夹偏心轴工件时，夹具中需预先加工一个偏心距两倍于工件偏心距的偏心孔。（  ）
2. 用指示表找正偏心外圆时，指示表的示值差是实际偏心距的两倍。（  ）
3. 偏心工件的测量主要包括偏心距的测量和偏心轴线之间平行度误差的测量。（  ）
4. 球墨铸铁曲轴也应进行正火处理，以改善力学性能，提高强度和耐磨性。（  ）
5. 曲轴毛坯不准有裂纹、气孔、砂眼、分层、夹砂等铸造和锻压缺陷。（  ）
6. 用一夹一顶方法装夹曲轴进行加工，对操作工人的技能水平要求较低。（  ）
7. 加工单件、小型或偏心距不大的曲轴，一般直接用圆棒料做坯料，加工中用两顶尖装夹曲轴。（  ）
8. 在专用夹具上装夹曲轴的方法适用于工件批量较大的场合。（  ）
9. 曲轴的车削或磨削加工，主要是解决如何把主轴颈轴线找正到与车床或磨床主轴回转轴线相重合的问题。（  ）
10. 当曲轴直径较大、偏心距不大时，可采用一夹一顶的方法装夹曲轴。（  ）
11. 在偏心夹板上装夹曲轴的方法适用于偏心距较大且无法在端面钻偏心中心孔的曲轴。（  ）
12. 曲轴加工中，为了保证偏心中心线与基准轴线的平行度，在找正偏心中心距后，还要找正在水平和垂直方向的侧素线。（  ）
13. 偏心工件两轴线之间的距离叫偏心距。（  ）
14. 车偏心工件时，必须把需要加工偏心部分的轴线找正到与车床轴线相重合。（  ）
15. 在开始车偏心时，车刀应接近工件起动主轴，刀尖从偏心的最里一点切入工件。（  ）
16. 车削精度较低的偏心工件时，可用偏心卡盘装夹车削。（  ）
17. 两端有中心孔、偏心距较小的偏心轴，可在两顶尖间测量偏心距。（  ）
18. 多拐曲轴的装夹方法有用偏心夹板装夹、用偏心卡盘装夹和用专用夹具装夹。（  ）
19. 由于曲轴的偏心距较大，因此不能使用偏心夹板装夹曲轴。（  ）
20. 曲轴安装偏心夹板后不需要进行找正。（  ）
21. 车削曲轴前应进行平衡，以保证各轴颈的圆度。（  ）

22. 车削曲轴的主轴颈时,为了提高曲轴刚性,可搭一个中心架。 ( )
23. 曲柄颈夹角精度要求较高时,可用普通分度头测量。 ( )
24. 曲轴精加工后应进行动平衡试验,不需要进行超声波探伤。 ( )

(二) 选择题(将正确答案的序号填入括号内)

1. 由于曲轴形状复杂、刚性差,车削时容易产生( )。
   A. 变形和冲击    B. 弯曲和扭转    C. 弯曲和冲击    D. 变形和振动

2. 加工曲轴时防止变形的方法是尽量使所产生的( )互相抵消,以减小曲轴的挠曲度。
   A. 切削力    B. 切削热    C. 切削变形    D. 切削速度

3. 加工曲柄轴颈及扇形板开档时,为增加刚性可使用中心架偏心套支承,有助于保证曲柄轴颈的( )。
   A. 圆柱度    B. 轮廓度    C. 圆度    D. 刚度

4. 采用偏心夹板装夹曲轴,可以保证各曲轴轴颈都有足够的加工余量和各轴颈间的相互( )精度要求。
   A. 尺寸    B. 形状    C. 位置    D. 配合

5. 钢制的曲轴应进行正火或调质处理,并对各轴颈表面进行( )处理。
   A. 淬硬    B. 渗碳    C. 氮化    D. 调质

6. 加工曲轴主要应解决( )的问题。
   A. 装夹方法    B. 机床刚性    C. 定位基准    D. 夹具类型

7. 加工曲柄时,应在曲柄轴颈或主轴轴颈之间安装支承物和夹板,以提高曲轴轴颈的加工( )。
   A. 刚度    B. 强度    C. 硬度    D. 韧性

8. 粗车曲轴各轴颈的顺序一般遵循先车轴颈对后车轴颈的加工( )降低较少的原则。
   A. 刚度    B. 强度    C. 硬度    D. 韧性

9. 由于曲轴的质量中心不在回转轴上,因此在切削加工过程中,容易产生由( )引起的自由振动,严重影响了加工精度和质量。
   A. 惯性力    B. 切削力    C. 变形力    D. 抵抗力

10. 偏心工件的加工,主要是解决工件( )问题。
    A. 刚性    B. 加工    C. 装夹    D. 刀具

11. 在自定心卡盘的一个卡爪上增加一块垫片,使工件产生偏心来车削偏心工件。垫片的厚度可先近似等于偏心距 $e$ 的( )倍。
    A. 1    B. 1.5    C. 2    D. 3

12. 采用单动卡盘装夹偏心工件,找正时,不仅要先后找正两个偏心圆,还要找正两偏心圆在( )方向的位置。
    A. 水平和垂直    B. 水平    C. 垂直    D. 无法判断

13. 曲轴在轴向以主轴颈轴肩定位,工艺设计时定位基准应尽量与( )一致。

A. 测量基准　　　　B. 设计基准　　　　C. 加工基准　　　　D. 工艺基准

**（三）计算题**

1. 测量图 2-20 所示曲轴，测得曲柄颈表面最高点与平板面之间的距离为 127mm，主轴颈表面最高点与平板面之间的距离为 115mm，求实际偏心距为多少？

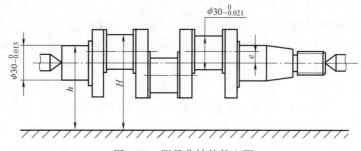

图 2-20　测量曲轴的偏心距

2. 用分度头方法测量图 2-21 所示曲柄颈的夹角误差，已知偏心距 $e=10$mm，曲柄颈 $d_1$ 的实际尺寸为 14.97mm，曲柄颈 $d_2$ 的实际尺寸为 14.986mm，测量出 $H_1$ 的值为 107.61mm，转过角度 $\theta$ 后，测量出 $H_2$ 的值为 107.52mm，问曲柄颈 $d_1$ 与 $d_2$ 之间的角度误差为多少？

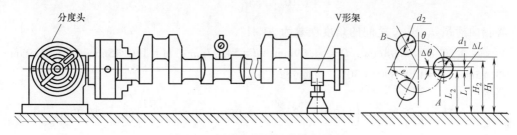

图 2-21　用分度头测量曲轴角度误差

3. 有一根 120°±30′ 等分多拐曲轴，测得实际偏心距 $e$ 为 34.98mm，两主轴颈直径 $D$ 的实际尺寸为 54.99mm，曲柄颈直径 $d$ 的实际尺寸为 54.97mm，在 V 形架上主轴颈最高点到平板的距离 $M$ 为 110.45mm，则量块高度 $h$ 应为多少？若用该量块继续测得 $H$ 值为 92.95mm，$H_1$ 值为 93.15mm，求曲柄颈的夹角误差为多少？

**（四）简答题**

曲轴的装夹方法有哪几种？各适用于什么场合？

## 四、参考答案及解析

**（一）判断题**

1. ×　2. √　3. √　4. √　5. √　6. ×　7. √　8. √　9. √　10. √
11. √　12. ×　13. √　14. √　15. ×　16. ×　17. √　18. √　19. ×　20. ×
21. √　22. ×　23. ×　24. ×

**（二）选择题**

1. D　2. A　3. C　4. C　5. A　6. C　7. A　8. A　9. A　10. C

11. B  12. A  13. B

**(三) 计算题**

1. 解：已知 $H=127\text{mm}$，$h=115\text{mm}$，$d=30\text{mm}$，$d_1=30\text{mm}$。根据公式

$$e = H - \frac{d_1}{2} - h + \frac{d}{2} = \left(127 - \frac{30}{2} - 115 + \frac{30}{2}\right)\text{mm} = 12\text{mm}$$

答：实际偏心距为 12mm。

2. 解：已知 $e=10\text{mm}$，$d_1=14.97\text{mm}$，$d_2=14.986\text{mm}$，$H_1=107.61\text{mm}$，$H_2=107.52\text{mm}$。由图 4-2 可知

$$L_1 = H_1 - \frac{D_1}{2} = 107.61\text{mm} - \frac{14.97\text{mm}}{2} = 100.125\text{mm}$$

$$L_2 = H_2 - \frac{d_2}{2} = 107.52\text{mm} - \frac{14.986\text{mm}}{2} = 100.027\text{mm}$$

$$\Delta L = L_1 - L_2 = 100.125\text{mm} - 100.027\text{mm} = 0.098\text{mm}$$

$$\sin\Delta\theta = \frac{\Delta L}{e} = \frac{0.098}{10} = 0.0098, \Delta\theta = 33'41''$$

答：曲柄颈 $d_1$ 与 $d_2$ 之间的角度误差为 $33'41''$。

3. 解：已知 $e=34.98\text{mm}$，$D=54.99\text{mm}$，$d=54.97\text{mm}$，$M=110.45\text{mm}$，$H=92.95\text{mm}$，$H_1=93.15\text{mm}$，$\theta=120°-90°=30°$。根据公式

$$h = M - \frac{D}{2} - e\sin\theta - \frac{d}{2} = \left(110.45 - \frac{54.99}{2} - 34.98 \times \sin30° - \frac{54.97}{2}\right)\text{mm} = 37.98\text{mm}$$

$$L = e\sin\theta = 34.98\text{mm} \times \sin30° = 17.49\text{mm}$$

$$\Delta H = H - H_1 = 92.95\text{mm} - 93.15\text{mm} = -0.2\text{mm}$$

$$\sin\theta_1 = \frac{L+\Delta H}{e} = \frac{17.49 - 0.2}{34.98} = 0.49428$$

$\theta_1 = 29°37'21''$

$\Delta\theta = |\theta_1 - \theta| = |29°37'21'' - 30°| = 22'39''$

答：量块高度 $h$ 为 37.98mm，曲柄颈的夹角误差 $\Delta\theta$ 为 $22'39''$。

**(四) 简答题**

答：根据曲轴的结构特点，常用的装夹方法有以下几种：

(1) 一夹一顶装夹曲轴　当曲轴直径较大、偏心距不大时，可采用此装夹方法。

(2) 用两顶尖装夹曲轴　适用于小型或偏心距不大的曲轴，一般直接用圆棒料加工。

(3) 用偏心夹板装夹曲轴　这种方法适用于偏心距较大，无法在端面上钻偏心中心孔的曲轴。

(4) 用专用夹具装夹曲轴　这种方法适用于工件批量较大的场合。

# 理论知识模块 5 螺纹加工

## 一、考核范围（图 2-22）

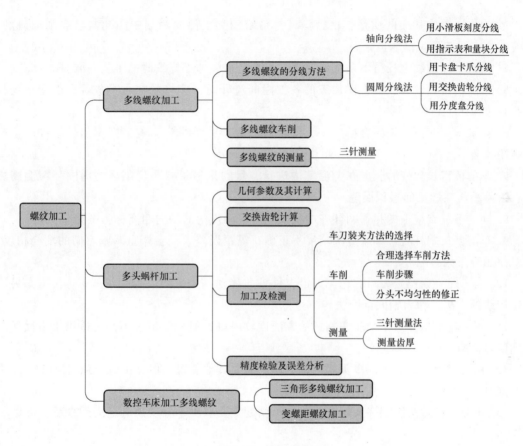

图 2-22 考核范围

## 二、考核要点详解（表 2-5）

表 2-5 考核要点

| 序号 | 考核要点 |
| --- | --- |
| 1 | 多线螺纹的分线方法、加工及测量方法 |
| 2 | 多头蜗杆几何参数计算，车削时交换齿轮计算 |
| 3 | 多头蜗杆的车削及测量方法 |
| 4 | 用数控车床加工多线三角形螺纹时的计算、编程方法 |
| 5 | 用数控车床加工变螺距螺纹的方法 |

三、练习题

(一) 判断题（对的画"√"，错的画"×"）

1. 机床的精密丝杠可将均匀的直线运动精确地转化成均匀的旋转运动。（  ）
2. 精密丝杠材料应有足够的强度、组织稳定性以及良好的耐磨性，并有适当的硬度和韧性。（  ）
3. 为保证定位基准的质量，精密丝杠、精密轴类工件的两端中心孔需经磨削或研磨，且应与机床回转顶尖接触良好。（  ）
4. 精密丝杠螺纹大径虽不是工作表面，但它是机械加工螺纹时的工艺基准。（  ）
5. 车削精密长丝杠，在机械加工的各工序间流转时，应将丝杠水平放置，以避免丝杠因为自重而产生弯曲变形。（  ）
6. 如果车床交换齿轮啮合精度差，使正确的运动关系受到影响，则车削长丝杠时会产生螺距误差。（  ）
7. 车削精密长丝杠时，应在恒温室内进行，目的是尽量减小切削区与周围环境温度之差，以减小丝杠螺距的累积误差。（  ）
8. 同一条螺旋线上的相邻两牙在中径线上对应两点间的轴向距离称为螺距。（  ）
9. 车削多头蜗杆时，如果分头精度不正确，等距误差大，会严重影响它们的配合精度，但对使用寿命无影响。（  ）
10. 当车好一条螺旋线后，把车刀沿工件轴向移动一个螺距（齿距 $P_x = m_x$），再车另一条螺旋线的方法，称为轴向分线法。（  ）
11. 用卡盘卡爪分头车削多头蜗杆的方法比较简单，但分头精度不高，适用于齿面还需磨削的多头蜗杆。（  ）
12. 用交换齿轮分头车削多头蜗杆的方法不需要其他装置，但分头时受到交换齿轮 $z_1$ 齿数的限制。（  ）
13. 用分度盘分头车削多头蜗杆时，分头精度主要取决于分度盘上定位孔的等分精度。（  ）
14. 蜗杆副传动时，蜗轮一般是主动件，蜗杆是从动件，因而可应用于防止倒转的传动装置。（  ）
15. 在蜗杆传动中，当导程角大于6°时，蜗杆传动便可以自锁。（  ）
16. 装夹蜗杆车刀时，必须注意图样上标明的蜗杆齿形，车削阿基米德（轴向直廓）蜗杆时，应采用垂直装刀法。（  ）
17. 车削多头蜗杆时，为了保证蜗杆的加工质量，应把一条螺旋槽全部车好后，再车另一条螺旋槽。（  ）
18. 测量精度要求不高的蜗杆时，可用齿厚卡尺测量其法向齿厚。（  ）
19. 高精度长丝杠在半精车螺纹后，要安排低温时效来消除加工中由应力引起的变形。（  ）
20. 中心孔是长丝杠加工时的定位基准，为了保证工件的精度，每次热处理后要安排研磨中心孔工序。（  ）

21. 轴向直廓蜗杆的齿形在法平面内为直线，在端平面内为阿基米德螺旋线，又称为 ZA 蜗杆或阿基米德蜗杆。（    ）

22. 沿两条或两条以上螺旋线所形成的蜗杆叫多头蜗杆。（    ）

23. 根据多头蜗杆形成原理，分头方法有轴向分头法和圆周分头法两类。（    ）

24. 蜗杆一般采用高速车削，分粗车和精车两个阶段。（    ）

25. 用齿厚游标卡尺测量精度要求较低蜗杆的法向齿厚时，把齿高卡尺读数调整到齿顶高尺寸后法向卡入齿廓，齿厚卡尺的读数为蜗杆分度圆直径的法向齿厚。（    ）

26. 测量精度要求较高的蜗杆时，可采用齿厚游标卡尺。（    ）

27. 用数控车床车削多线螺纹时，通过改变螺纹切削初始角来加工多线螺纹。（    ）

（二）选择题（将正确答案的序号填入括号内）

1. 在机械传动中，蜗杆蜗轮啮合常用于两轴在空间交错成（    ）的运动。
   A. >90°　　　B. 90°　　　C. <90°　　　D. 45°

2. 在蜗杆传动中，当导程角（    ）时，蜗杆传动便可以自锁。
   A. 不大于6°　B. 等于8°~12°　C. 等于12°~16°　D. 等于12°~18°

3. 为了提高蜗杆测量精度，可将齿厚偏差换算成量针测量距偏差，用三针测量法来测量，当 $\alpha = 20°$ 时，其换算方法为 $\Delta M = ($    $)\Delta s$。
   A. 1.414　　B. 1.732　　C. 2.7475　　D. 3.8660

4. 精密丝杠不仅要准确地传递运动，还要传递一定的（    ）。
   A. 力　　　B. 力矩　　　C. 动力　　　D. 转矩

5. （    ）是引起丝杠产生变形的主要因素。
   A. 内应力　B. 材料塑性　C. 自重　　　D. 力矩

6. 螺纹精车可采用三针测量法检验（    ）精度。
   A. 中径　　B. 齿厚　　　C. 螺距　　　D. 大径

7. 车削多头蜗杆的第一条螺旋槽时，应验证（    ）。
   A. 齿型　　B. 螺距　　　C. 分头误差　D. 导程

8. 如果蜗杆的齿形为法向直廓，则装刀时应把车刀左右切削刃组成的平面旋转一个（    ），即垂直于齿面。
   A. 压力角　B. 齿形角　　C. 导程角　　D. 同位角

9. 车削延伸渐开线蜗杆时，车刀两侧切削刃组成的平面应与齿面（    ）。
   A. 垂直　　B. 平行　　　C. 相切　　　D. 相交

10. 精车轴向直廓蜗杆（阿基米德渐开线蜗杆），装刀时车刀两切削刃组成的平面应与齿面（    ）。
    A. 水平　　B. 平行　　　C. 相切　　　D. 垂直

11. 机床丝杠的轴向窜动会导致车削螺纹时（    ）的精度超差。
    A. 牙型　　　　　　　　B. 导程
    C. 螺距　　　　　　　　D. 径向

12. 在车床上加工螺纹时，主轴径向圆跳动会使工件螺纹产生（    ）误差。

A. 内螺纹 B. 单个螺距
C. 累积螺距 D. 外螺纹

13. 车床上的丝杠有轴向窜动，将使被加工的丝杠螺纹产生（　　）螺距误差。
A. 非周期性 B. 周期性
C. 渐进性 D. 波动性

14. 带螺母的螺纹连接是（　　）。
A. 螺栓连接 B. 定位螺钉连接
C. 普通螺钉连接 D. 紧定螺钉连接

15. 当被连接件不带螺纹时，可使用（　　）连接。
A. 螺栓 B. 定位螺钉
C. 普通螺钉 D. 紧定螺钉

16. 当需要经常装拆、被连接件之一厚度较大时，可采用（　　）连接。
A. 螺栓 B. 双头螺柱
C. 普通螺钉 D. 紧定螺钉

17. 为满足主轴输出转矩特性要求，一般大中型机床采用的主轴变速方式是（　　）。
A. 电动机直接驱动的主传动 B. 带轮传动的主传动
C. 同步带传动的主传动 D. 带有变速齿轮的主传动

18. 采用带有变速齿轮的主传动主要是为了（　　）。
A. 满足主轴转矩要求 B. 减少振动和噪声
C. 提高主轴部件刚性 D. 提高主轴回转精度

19. 采用带有变速齿轮的主传动主要是为了实现（　　）。
A. 低速段降低输出转矩 B. 低速段提高输出转矩
C. 高速段提高输出转矩 D. 高速段降低输出转矩

20. 数控车床主轴脉冲发生器与主轴转速的传动比为（　　）。
A. 1∶1 B. 2∶1
C. 1∶2 D. 任意

21. 数控车床主轴脉冲发生器的作用之一是实现（　　）。
A. 每分钟进给 B. 每转进给
C. 主轴无级变速 D. 主轴分段无级变速

22. 主轴上没有安装脉冲编码器的数控车床，不能加工（　　）。
A. 圆弧面 B. 椭圆面
C. 螺纹 D. 圆锥面

23. 滚珠丝杠螺母副在（　　）不能自锁，需附加制动机构。
A. 水平安装时 B. 垂直安装时
C. 安装时 D. 倾斜安装时

24. 数控机床进给系统的运动变换机构采用（　　）。
A. 滑动丝杠螺母副 B. 滑动导轨

C. 滚珠丝杠螺母副　　　　　　D. 滚动导轨

25. 数控机床与普通机床的进给传动系统的区别是数控机床采用（　　）。
  A. 滑动导轨　　　　　　　　　B. 滑动丝杠螺母副
  C. 滚动导轨　　　　　　　　　D. 滚珠丝杠螺母副

26. 滚珠丝杠螺母副的滚珠在返回过程中与丝杠脱离接触的为（　　）。
  A. 开循环　　　　　　　　　　B. 闭循环
  C. 外循环　　　　　　　　　　D. 内循环

27. 滚珠丝杠螺母副的滚珠在返回过程中与丝杠始终接触的为（　　）。
  A. 开循环　　　　　　　　　　B. 闭循环
  C. 外循环　　　　　　　　　　D. 内循环

28. 内循环滚珠丝杠螺母副中，每个工作滚珠循环回路的工作圈数为（　　）圈。
  A. 1　　　　　　　　　　　　B. 2
  C. 2.5　　　　　　　　　　　D. 3

29. 下列滚珠丝杠螺母副间隙调整方法中，调整最方便的是（　　）。
  A. 单螺母变导程调隙式　　　　B. 垫片调隙式
  C. 齿差调隙式　　　　　　　　D. 螺纹调隙式

30. 消除滚珠丝杠螺母副的轴向间隙主要是为了保证轴向刚度和（　　）。
  A. 反向传动精度　　　　　　　B. 同向传动精度
  C. 传动效率　　　　　　　　　D. 传动灵敏度

31. 下列滚珠丝杠螺母副间隙调整方法中，调整精度最高的是（　　）。
  A. 垫片调隙式　　　　　　　　B. 齿差调隙式
  C. 螺纹调隙式　　　　　　　　D. 单螺母变导程调隙式

32. 下列能自动消除直齿圆柱齿轮传动间隙的方法是（　　）。
  A. 偏心套调整　　　　　　　　B. 双齿轮错齿调整
  C. 垫片调整　　　　　　　　　D. 轴向垫片调整

33. 双齿轮错齿调整齿轮传动间隙的特点是传动刚度（　　），（　　）自动消除齿侧间隙。
  A. 低，不能　　　　　　　　　B. 高，不能
  C. 低，能　　　　　　　　　　D. 高，能

34. 偏心套调整是通过两个齿轮的（　　）来消除齿轮传动间隙的。
  A. 轴向相对位移增加　　　　　B. 轴向相对位移减小
  C. 中心距增加　　　　　　　　D. 中心距减小

35. 步进电动机的角位移量与输入脉冲的（　　）成正比。
  A. 电压　　　　　　　　　　　B. 电流
  C. 数量　　　　　　　　　　　D. 频率

36. 某步进电动机三相单三拍运行时步距角为3°，三相双三拍运行时步距角为（　　）。
  A. 1.5°　　　　　　　　　　　B. 0.75°
  C. 6°　　　　　　　　　　　　D. 3°

37. 步进电动机的转速与输入脉冲的（　　）成正比。
A. 频率　　　　　　　　　　　B. 电压
C. 电流　　　　　　　　　　　D. 数量

38. 数控机床直流进给伺服电动机的定子一般为（　　）。
A. 永磁式　　　　　　　　　　B. 他励式
C. 并励式　　　　　　　　　　D. 反应式

39. 直流进给伺服电动机常采用（　　）的调速方式。
A. 改变电枢电流　　　　　　　B. 改变电枢电压
C. 改变电枢电阻　　　　　　　D. 改变磁通

40. 直流主轴电动机在额定转速以上的调速方式为（　　）。
A. 改变电枢电流　　　　　　　B. 改变电枢电压
C. 改变磁通　　　　　　　　　D. 改变电枢电阻

41. 交流伺服电动机常采用（　　）的调速方式。
A. 改变磁极对数　　　　　　　B. 改变频率
C. 改变转差率　　　　　　　　D. 改变电阻

42. 目前，数控机床用于进给驱动的电动机大多采用（　　）。
A. 步进电动机　　　　　　　　B. 直流伺服电动机
C. 三相永磁同步电动机　　　　D. 三相交流异步电动机

43. 目前，数控机床主轴电动机大多采用（　　）。
A. 步进电动机　　　　　　　　B. 直流伺服电动机
C. 三相永磁同步电动机　　　　D. 三相交流异步电动机

### （三）计算题

1. 已知齿顶圆直径 $d_{a1}=51.3$mm，压力角 $\alpha=20°$，轴向模数 $m_x=3.15$mm 的四头蜗杆，求蜗杆的轴向齿距 $p_x$、导程 $p_z$、分度圆直径 $d_1$、齿根槽宽 $W$ 和法向齿厚 $s_n$。

2. 车削模数 $m_x=2$mm，头数 $z_1=3$ 的多头蜗杆，车床小滑板分度值为每格 0.05mm，求分头时小滑板应转过的格数。

3. 已知一米制蜗杆的齿形为法向直廓，其分度圆直径 $d_1$ 为 35.5mm，轴向齿距 $p_x$ 为 9.896mm，压力角 $\alpha=20°$，头数 $z_1$ 为 4，用三针测量法修正公式，求量针直径 $d_D$ 和量针测量距 $M$。

4. 已知一米制蜗杆的法向齿厚要求为 $6.182_{-0.146}^{-0.093}$mm，用三针测量时，量针测量距偏差为多少？

### （四）简答题

1. 蜗杆副的使用特点有哪几点？
2. 车削多头蜗杆时，为什么要正确装夹车刀？如何装夹？
3. 车削多头蜗杆时的分头方法有哪两类？每一类又有哪些具体方法？
4. 粗车多头蜗杆时，应如何选择合适的切削方法和进刀方法？
5. 车削多线螺纹时要注意哪些主要问题？

## 四、参考答案及解析

**（一）判断题**

1. × 2. √ 3. √ 4. √ 5. √ 6. √ 7. √ 8. × 9. × 10. √
11. √ 12. √ 13. √ 14. √ 15. × 16. × 17. × 18. √ 19. √ 20. √
21. × 22. √ 23. √ 24. × 25. √ 26. × 27. √

**（二）选择题**

1. B 2. A 3. C 4. D 5. A 6. A 7. D 8. C 9. A 10. A
11. C 12. B 13. A 14. A 15. A 16. B 17. D 18. A 19. B 20. A
21. B 22. C 23. B 24. C 25. D 26. C 27. D 28. A 29. D 30. C
31. B 32. B 33. C 34. D 35. C 36. D 37. A 38. A 39. B 40. C
41. B 42. C 43. D

**（三）计算题**

1. 解：已知 $m_x = 3.15\text{mm}$，$\alpha = 20°$，$d_{a1} = 51.3\text{mm}$，$z_1 = 4$。根据计算公式

$$p_x = \pi m_x = 3.1416 \times 3.15\text{mm} = 9.896\text{mm}$$

$$p_z = Z_1 p_x = 4 \times 9.896\text{mm} = 39.584\text{mm}$$

$$d_1 = d_{a1} - 2m_x = 51.3\text{mm} - 2 \times 3.15\text{mm} = 45\text{mm}$$

$$W = 0.697 m_x = 0.697 \times 3.15\text{mm} = 2.2\text{mm}$$

$$\tan\gamma = \frac{p_z}{\pi d_1} = \frac{m_x z_1}{d_1} = \frac{3.15 \times 4}{45} = 0.28, \gamma = 15°38'32''$$

$$s_n = \frac{p_x}{2}\cos\gamma = \frac{9.896\text{mm}}{2}\cos15°38'32'' = 4.799\text{mm}$$

答：轴向齿距 $p_x$ 为 9.896mm，导程 $p_z$ 为 39.584mm，分度圆直径 $d_1$ 为 45mm，齿根槽宽 $W$ 为 2.2mm，法向齿厚 $s_n$ 为 4.799mm。

2. 解：已知 $m_x = 2\text{mm}$，$p_x = \pi m_x = 3.1416 \times 2\text{mm} = 6.2832\text{mm}$，$S = 0.05\text{mm/格}$。根据公式

$$K = \frac{p_x}{S} = 6.2832\text{mm}/(0.05\text{mm/格}) = 125.66\text{格}$$

答：分头时，小滑板应转过 125.66 格。

3. 解：已知 $d_1 = 35.5\text{mm}$，$p_x = 9.896\text{mm}$，$\alpha = 20°$，$z_1 = 4$。根据公式

$$m_x = \frac{p_x}{\pi} = \frac{9.896\text{mm}}{3.1416} \approx 3.15\text{mm}$$

$$\tan\gamma = \frac{p_z}{\pi d_1} = \frac{4 \times 9.896}{3.1416 \times 35.5} = 0.354928, \gamma = 19°32'29''$$

根据蜗杆量针计算公式及量针测量距修正公式可得

$$d_D = 0.533p_x = 0.533 \times 9.896\text{mm} = 5.28\text{mm}$$
$$M = d_1 + 3.924d_D - 4.316m_x\cos\gamma$$
$$= (35.5 + 3.924 \times 5.28 - 4.316 \times 3.15\cos19°32'29'')\text{mm}$$
$$= 43.41\text{mm}$$

答：量针直径 $d_D$ 为 5.28mm，量针测量距 $M$ 为 43.41mm。

4. 解：已知 $s_n = 6.182$mm，$\Delta s_上 = -0.093$mm，$\Delta s_下 = -0.146$mm。根据齿厚偏差换算成量针测量距偏差得

$$\Delta M_上 = 2.7475\Delta s_上 = 2.7475 \times (-0.093\text{mm}) = -0.2556\text{mm}$$
$$\Delta M_下 = 2.7475\Delta s_下 = 2.7475 \times (-0.146\text{mm}) = -0.4011\text{mm}$$

答：量针测量距偏差为 $M_{-0.4011}^{-0.2556}$mm。

（四）简答题

1. 答：蜗杆副的使用特点如下：

（1）承载能力大　由于蜗杆与蜗轮啮合时呈圆弧线接触，同时进入啮合的齿数较多，因此，承载能力较大。

（2）传动比大　能起减速作用，并且结构紧凑、重量轻。

（3）传动平稳、无噪声　由于蜗杆上的齿呈连续不断的螺旋形，在与蜗轮啮合过程中是逐渐进入和脱开的，啮合的齿又多，因此蜗杆传动的平稳性比齿轮传动好，且噪声小。

（4）具有自锁性　在蜗杆传动中，当导程角 $\gamma \leq 6°$ 时，便可以实现自锁。

2. 答：因为车刀的装夹对蜗杆齿形有直接影响。

装夹蜗杆车刀时，必须按图样上注明的蜗杆齿形选择装刀方法。若是阿基米德（轴向直廓）蜗杆，则车刀左右切削刃组成平面应与工件轴线重合，即水平装刀法。如果是法向直廓蜗杆，则车刀左右切削刃组成平面应垂直于齿面，即垂直装刀法。

3. 答：多头蜗杆的分头方法有轴向分头法和圆周分头法两大类。

轴向分头法的具体方法有：

（1）小滑板刻度分头法　用小滑板分度值控制车刀轴向移动距离。

（2）百分表和量块分头法　用百分表和量块控制小滑板移动距离，分头精度较高。

圆周分头法的具体方法有：

（1）卡盘卡爪分头法　利用卡盘的三爪或四爪对蜗杆进行分头。

（2）交换齿轮分头法　当交换齿轮齿数（$z_1$）是蜗杆头数的整数倍时，对蜗杆进行分头。

（3）分度盘分头法　利用分度盘上精度较高的定位孔对蜗杆进行分头。

4. 答：粗车时，为防止三个切削刃同时参加切削而造成"扎刀"现象，一般可采用左右切削法：粗车模数 $m_x \leq 3$mm 的多头蜗杆时，可先用小于蜗杆齿根槽宽的车槽刀将蜗杆车到齿根圆直径；粗车模数 $m_x > 3$mm 的多头蜗杆时，可采用分层切削法，以减小车刀的切削面积，使切削顺利进行。

5. 答：车削多线螺纹时要注意以下几点：

1）分线方法要正确。分线方法或分线操作不正确将出现分线误差，造成所车削多线螺纹的螺距误差，严重影响内、外螺纹的旋合精度，降低使用寿命。

2）根据导程选择交换齿轮，正确调整车床的手柄位置。

3) 多线螺纹的导程比较大，其螺纹升角要根据导程计算，要特别注意导程对刀具两切削刃后角的影响，在刃磨时须加以注意。

4) 精车多线螺纹时，要在所有螺旋槽都粗车完成后再进行精车，这样可保持螺纹牙型的一致性。

## 理论知识模块 6　畸形工件加工

### 一、考核范围（图 2-23）

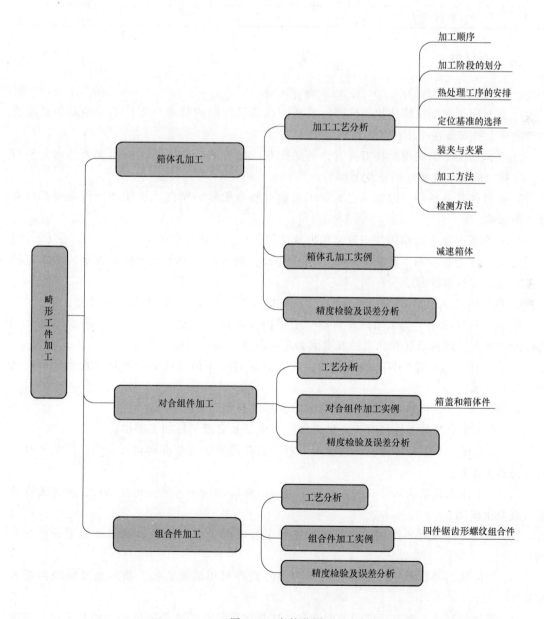

图 2-23　考核范围

## 二、考核要点详解（表 2-6）

表 2-6 考核要点

| 序号 | 考核要点 |
|---|---|
| 1 | 箱体孔工件的结构和技术要求 |
| 2 | 箱体孔工件的加工工艺知识 |
| 3 | 箱体孔工件的加工方法、测量方法 |
| 4 | 箱体孔工件中加工孔常见的质量问题及解决措施 |
| 5 | 在花盘、角铁上车削对合件的方法 |
| 6 | 组合轴、套件的加工工艺 |

## 三、练习题

**(一) 判断题**（对的画"√"，错的画"×"）

1. 在车床上车削缺圆块状工件时，若缺圆孔或缺外圆的轴线与工件的安装基面是垂直的，应将工件安装在车床花盘的角铁上加工。（　　）

2. 在车床上车削缺圆块状工件时，若缺圆孔或缺外圆的轴线与工件的安装基面是平行的，应将工件安装在车床的花盘上加工。（　　）

3. 箱体件是基础件，因此，它的加工质量对整台机器的精度、性能和使用寿命都没有直接的影响。（　　）

4. 在车床上加工的箱体件一般结构形状比较简单，形体尺寸较小。（　　）

5. 在车床上加工箱体件主要是加工平面和孔，通常孔的加工精度较易保证，而加工精度要求较高的平面较困难。（　　）

6. 在一般情况下，箱体件铸造之后，在机械加工前应进行一次人工时效处理。（　　）

7. 在一般情况下，加工箱体件常以一个平面为基准，先加工出一个孔，再以这个孔和其端面为基准，或者以孔和原来的基准面为定位基准，加工其他交错孔。（　　）

8. 在车床上进行箱体件孔的车削时，装夹方法的选择相当重要，但对夹紧力部位的选择并没有要求。（　　）

9. 在车床上车削箱体件时，夹紧力方向应尽量与基准平面平行。（　　）

10. 在车床上车削箱体件时，夹紧力作用点应尽量靠近工件加工部位。（　　）

11. 在车床上车削箱体件时，若被加工表面的旋转轴线与基准面相互垂直，可装夹在角铁式夹具上车削。（　　）

12. 在车床上车削箱体件时，若被加工表面的旋转轴线与基准面相互平行，可装夹在花盘式夹具上车削。（　　）

13. 当箱体件的两平行孔中心线距精度要求较高时，可用测量心轴和外径千分尺配合测量。（　　）

14. 箱体件的两孔中心线垂直交错时的中心线距可用测量心轴、指示表及量块组配合测量。（　　）

15. 箱体件基准平面直线度误差的测量方法是将平尺与基准平面接触，此时平尺与基准

平面间的最大间隙即为直线度误差。（　　）

16. 车削箱体孔工件时，造成孔圆度误差超差的原因之一是车床主轴的回转精度超差。（　　）

17. 车削箱体孔工件时，造成两孔同轴度误差超差的原因之一是床身导轨的平面度误差超差。（　　）

18. 将左、右箱体件合并在一起加工，目的是方便左、右箱体上相对应孔的加工。（　　）

19. 车削加工上下接合的箱体工件，装夹工件时需要注意的关键问题是必须找正对合接触平面与孔中心线处于同一垂直面上。（　　）

20. 车削加工组合件时，正确确定基准工件是保证组合件达到图样要求的关键。（　　）

21. 拟订组合工件的加工方法时，通常应先加工基准表面，然后再加工工件的其他表面。（　　）

22. 复杂畸形工件可装夹在花盘角铁上加工。（　　）

23. 在花盘角铁上装夹工件后，不需要进行平衡。（　　）

24. 在花盘角铁上加工畸形工件时，应选用工件稳定可靠的表面来装夹，以防止产生装夹变形。（　　）

25. 在花盘角铁上加工畸形工件时，转速应较高。（　　）

26. 被加工表面的回转轴线与基准面相互垂直、外形复杂的工件，可以安装在花盘角铁上加工。（　　）

27. 车削时，要达到复杂工件的中心距和中心高的公差要求，一般使用角铁和花盘，并且必须采用一定的测量手段才能达到。（　　）

（二）选择题（将正确答案的序号填入括号内）

1. 由于箱体件的结构形状奇特，铸造内应力较大，为消除内应力，减少变形，一般情况下，在（　　）之后应进行一次人工时效处理。
   A. 铸造　　B. 粗加工　　C. 半精加工　　D. 精加工

2. 车削箱体孔工件，选择夹紧力部位时，夹紧力方向应尽量与基准平面（　　）。
   A. 平行　　B. 倾斜　　C. 垂直　　D. 重合

3. 用心轴和外径千分尺测量箱体件上两孔中心线距 $A$ 时，计算公式为 $A=$（　　）。
   A. $\dfrac{l+(d_1+d_2)}{2}$　　B. $l+\dfrac{d_1+d_2}{2}$
   C. $\dfrac{l-d_1+d_2}{2}$　　D. $l-\dfrac{d_1+d_2}{2}$

4. 在车床上加工箱体件时，要求较高的孔与孔、孔与平面间的相互位置精度（　　）。
   A. 容易保证　　B. 较难保证
   C. 无法保证　　D. 不确定

5. 成批量加工箱体工件时，采用粗、精加工分开的方法可以消除由粗加工带来的内应力、切削力、夹紧力，以及由切削热引起的（　　）和热变形对工件加工精度的影响。
   A. 弹性变形　　B. 塑性变形
   C. 永久变形　　D. 暂时变形

6. 为保证箱体工件的加工质量，有时需要将已经加工的孔作为基准，对平面进行刮研来提高（　　）。
   A. 设计精度　　B. 加工精度　　C. 装配精度　　D. 定位精度

7. 组合件的车削不仅要保证组合件中各个零件的加工质量，而且要保证各零件按规定组合装配后的（　　）。
   A. 尺寸要求　　B. 几何要求　　C. 技术要求　　D. 装配要求

8. 拟订组合件的加工方法时，应根据各零件的技术要求和结构特点，以及组合件装配的（　　），分别选择各零件的加工方法。
   A. 尺寸要求　　B. 几何要求　　C. 技术要求　　D. 装配要求

9. 加工组合件时，应尽量加工至两极限尺寸的中间值，且加工误差应控制在图样允许的（　　），各表面的形状误差和表面间的相对位置误差应尽可能小。
   A. 1/3　　B. 1/2　　C. 2/3　　D. 1/5

10. 箱体件材料一般选用（　　），它的耐磨性、铸造性、切削性和吸振性较好，而且成本低。
    A. 灰铸铁　　B. Q345钢　　C. 45钢　　D. 合金钢

11. 刀柄与导向套的几何精度及配合间隙大，车孔时会产生（　　）误差。
    A. 圆柱度　　B. 圆度　　C. 同轴度　　D. 平行度

12. 床身导轨与工作台的配合间隙大，车孔时会产生（　　）误差。
    A. 圆柱度　　B. 圆度　　C. 同轴度　　D. 平行度

13. 当两条沟槽车削好后，可以自制长度量规，若通端（　　）卡入两槽内，止端（　　）卡入两槽内，则说明两槽距离合格。
    A. 能，能
    B. 能，不能
    C. 不能，不能
    D. 不能，能

14. 组合件上孔和轴的配合，一般情况下，将（　　）作为基准工件首先加工。
    A. 孔　　B. 轴　　C. 均可以　　D. 无所谓

15. 螺纹配合组合件的螺纹中径，外螺纹应控制在（　　）尺寸范围内，内螺纹应控制在（　　）尺寸范围内，以使配合间隙尽量大些。
    A. 上极限，上极限
    B. 下极限，下极限
    C. 上极限，下极限
    D. 下极限，上极限

（三）简答题
1. 箱体孔工件的主要技术要求有哪几个方面？
2. 在花盘、角铁或专用车夹具上装夹箱体孔工件时，应如何选择夹紧力的部位？

## 四、参考答案及解析

（一）判断题
1. ×　2. ×　3. ×　4. √　5. √　6. √　7. √　8. ×　9. ×　10. √
11. ×　12. ×　13. √　14. √　15. √　16. √　17. √　18. ×　19. ×　20. √
21. √　22. √　23. ×　24. √　25. ×　26. ×　27. √

## （二）选择题

1. A  2. C  3. A  4. C  5. A  6. D  7. C  8. C  9. B  10. A
11. B  12. C  13. B  14. A  15. D

## （三）简答题

1. 答：箱体孔工件的主要技术要求包括以下几个方面：

1）支承孔的尺寸精度、几何精度和表面粗糙度。

2）孔中心线距尺寸精度和位置精度。

3）主要平面，特别是定位基准面和装配基准面的几何精度和表面粗糙度。

4）孔中心线与端面的垂直度。

5）孔中心线与基准面的垂直度及平行度。

6）箱体孔工件的材料选择。

2. 答：选择夹紧力部位时，应考虑以下原则：

1）夹紧力方向尽量与基准平面垂直。

2）夹紧力作用点尽量靠近工件加工部位，当无法靠近时，可采用辅助支承。

3）夹紧力作用点应在实处，切忌径向压在箱体薄壁处。

# 理论知识模块7　设备维护与保养

## 一、考核范围（图2-24）

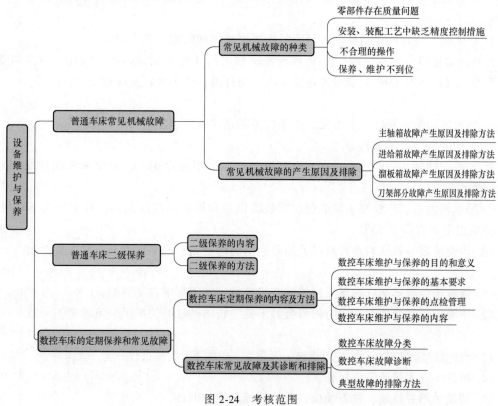

图2-24　考核范围

## 二、考核要点详解（表 2-7）

表 2-7 考核要点

| 序号 | 考核要点 |
|---|---|
| 1 | 普通车床故障中最常见的故障 |
| 2 | 主轴箱故障分析及排除方法 |
| 3 | 进给故障分析及排除方法 |
| 4 | 溜板箱故障分析及排除方法 |
| 5 | 刀架部分故障分析及排除方法 |
| 6 | 普通车床二级保养内容 |
| 7 | 普通车床二级保养方法 |

## 三、练习题

**(一) 判断题**（对的画"√"，错的画"×"）

1. 零部件的质量原因是普通车床故障最直接的原因，会引起一系列的故障问题。（　　）

2. 主轴锥孔中心线和尾座顶尖套锥孔中心线对溜板移动的等高度，对于 CA6140 型卧式车床允许误差为 0.06mm，并且只可主轴高。（　　）

3. 车床处于小病作业状态，能维持工作状态，不会缩短车床的运行寿命，但会影响加工效率。（　　）

4. 切削时主轴转速自动降低，可能是由摩擦片之间间隙太大引起的。（　　）

5. V 带太松或松紧不一致，使 V 带与带轮槽之间摩擦力明显减小，因此，当主轴受到切削力作用时，容易造成 V 带与带轮槽之间互相打滑，使主轴转速降低或停止转动。（　　）

6. 如果制动带在制动盘上太松，主轴将不能迅速地停止转动。（　　）

7. 制动带调整得越紧越好。（　　）

8. 如果主轴轴承间隙过小，在主轴高速运转及切削力作用下，会使轴承间的摩擦力增加而产生摩擦热。（　　）

9. 轴承调整后，应检测主轴的径向圆跳动误差和轴向圆跳动误差，在主轴高速运转 1h 后，轴承温度不应高于 50℃。（　　）

10. 齿轮端面与轴线的垂直度误差超差会引起进给箱上的手柄在开机时发生振动。（　　）

11. 溜板箱内脱落蜗杆的压力弹簧调节得松或紧，不影响自动进给。（　　）

12. 中滑板丝杠弯曲会造成与螺母接触不良，转动丝杠时使手柄轻重感觉不一致。（　　）

13. 机床每运行 1500h 后，应以维修工人为主、操作工人为辅进行一次二级保养。（　　）

14. 清洗保养不属于二级保养。（　　）

15. 清洗油箱并换油，检查油质，直接倒掉更换的旧油。（　　）

16. 调整中滑板丝杠与螺母的间隙，调整后要求中滑板手柄转动灵活，正反转之间的空程量在 0.1r 以内。（　　）

17. 调整中滑板丝杠与螺母的间隙，依靠侧面的斜楔作用将前螺母向左挤，以减小螺母与丝杠之间的间隙。（　　）

18. 二级保养主要由操作工自己完成。（　　）

19. 软件报警显示通常是指数控系统显示器上显示出的报警号和报警信息。（　　）

20. PLC 输入输出模块出现问题而引起的故障有时可以通过修改 PLC 程序，使用备用接口替代出现故障的接口来排除。（　　）

21. 数控系统在运行一段时间后，都会进行自诊断，对连接的各种控制装置进行检测，发现问题立即报警。（　　）

22. 数控车床自动换刀装置应当满足换刀时间短、刀具重复定位精度高、刀具存储量足够以及安全可靠等基本要求。（　　）

（二）选择题（将正确答案的序号填入括号内）

1. 主轴锥孔中心线和尾座顶尖套锥孔中心线对溜板移动的等高度，对于 CA6140 型卧式车床允许误差为（　　）mm。
   A. 0.03　　　B. 0.04　　　C. 0.05　　　D. 0.06

2. 机床每运行（　　）h 后，应进行一次二级保养。
   A. 500　　　B. 1000　　　C. 1500　　　D. 2500

3. 零部件的质量原因，直接影响车床的（　　）精度。
   A. 形状　　　B. 安装　　　C. 加工　　　D. 位置

4. 主轴锥孔中心线和尾座顶尖套锥孔中心线的平行度，在 300mm 的测量长度上，在上素线上测量允许误差为（　　）mm，只允许伸出的一端向上翘。
   A. 0.01　　　B. 0.02　　　C. 0.03　　　D. 0.04

5. 主轴锥孔中心线和尾座顶尖套锥孔中心线的平行度，只允许伸出端向（　　）方向偏。
   A. 操作　　　B. 远离操作　　　C. 任意　　　D. 偏高

6. 由主轴旋转的惯性造成的"自转"应控制在原转速的（　　）左右。
   A. 0.5%　　　B. 1%　　　C. 1.5%　　　D. 2%

7. 中滑板手柄应转动灵活，正反转之间的空程量在（　　）以内。
   A. 0.05r　　　B. 0.5r　　　C. 0.1r　　　D. 0.02r

8. 机床液压系统中压力表和油面高度、各保护装置、压缩空气气源压力等的检查周期为（　　）。
   A. 每天　　　B. 每半年　　　C. 每年　　　D. 不定期

9. 数控机床（　　）需要检查润滑油油箱的油标和油量。
   A. 不定期　　　B. 每天　　　C. 每半年　　　D. 每年

10. 数控机床滚珠丝杠每隔（　　）时间需要更换润滑脂。
    A. 一天　　　B. 一星期　　　C. 半年　　　D. 一年

11. 坐标轴回零时，若该轴已在参考点位置，则（　　）。
    A. 不必回零　　　　　　B. 移动该轴离开参考点位置后再回零

C. 继续回零操作　　　　　　　　D. 重新起动机床后再回零

12. 机床通电后应首先检查（　　）是否正常。
A. 加工程序、气压　　　　　　　B. 各开关、按钮
C. 工件质量　　　　　　　　　　D. 电压、工件精度

13. 为了使机床达到热平衡状态，必须使其空运转（　　）min 以上。
A. 3　　　　　B. 5　　　　　C. 10　　　　　D. 15

14. 程序执行时显示器有位置显示变化而机床不动，应首先检查机床是否处于（　　）状态。
A. 超程报警　　　　　　　　　　B. 紧急停止
C. 锁住　　　　　　　　　　　　D. 进给倍率开关

15. 系统正在执行当前程序段 N 时，预读处理了 N+1、N+2、N+3 程序段，现发生程序段格式出错报警，这时应重点检查（　　）。
A. 当前程序段 N　　　　　　　　B. 程序段 N 和 N+1
C. 程序段 N+1 和 N+2　　　　　D. 程序段 N+2 和 N+3

16. 显示器无显示但机床能够动作，故障原因可能是（　　）。
A. 显示部分故障　　　　　　　　B. S 倍率开关为 0%
C. 机床处于锁住状态　　　　　　D. 机床未回零

17. 数控系统的硬件报警显示是通过（　　）显示的。
A. 显示器　　　　　　　　　　　B. 报警号及适当文字注释
C. 报警号　　　　　　　　　　　D. 警示灯或数码管

18. 数控系统的软件报警有来自 NC 的报警和来自（　　）的报警。
A. PLC　　　　　　　　　　　　B. P/S 程序错误
C. 伺服系统　　　　　　　　　　D. 主轴伺服系统

19. 故障排除后，应按（　　）消除软件报警信息显示。
A. "CAN" 键　　　　　　　　　　B. "RESET" 键
C. "MESSAGE" 键　　　　　　　　D. "DELETE" 键

20. 发生超程报警后，可以按"超程释放"或复位按钮，以手动方式操作机床向（　　），离开超程位置。
A. 反方向运动　　B. 同方向运动　　C. 负方向运动　　D. 正方向运动

21. 机床发生超程报警的原因不太可能是（　　）。
A. 刀具参数错误　　　　　　　　B. 转速设置错误
C. 工件坐标系错误　　　　　　　D. 程序坐标值错误

22. 机床行程极限不能通过（　　）设置。
A. 机床限位开关　　B. 机床参数　　C. M 代码　　　D. G 代码

23. 调整机床水平时，若水平仪水泡向右偏，则（　　）。
A. 调高后面垫铁或调低前面垫铁　　B. 调高前面垫铁或调低后面垫铁
C. 调高右侧垫铁或调低左侧垫铁　　D. 调高左侧垫铁或调低右侧垫铁

24. 调整机床水平时，若水平仪水泡向前偏，则（　　）。
A. 调高后面垫铁或调低前面垫铁　　B. 调高前面垫铁或调低后面垫铁

C. 调高右侧垫铁或调低左侧垫铁　　D. 调高左侧垫铁或调低右侧垫铁

25. 为抑制或减少机床的振动,近年来数控机床大多采用(　　)来固定机床和进行调整。

A. 调整垫铁　　B. 弹性支承　　C. 等高垫铁　　D. 阶梯垫铁

26. 数控机床发生的故障按照类型分类包括以下选项中的(　　)。

A. 系统性故障　　B. 随机故障　　C. 机械故障

### (三) 简答题

1. 普通车床故障最常见的故障原因有哪些？
2. 主轴箱常见故障有哪些？
3. 普通车床二级保养的内容有哪些？
4. 简述数控车床四工位电动刀架的常见故障及相应的解决方法。

## 四、参考答案及解析

### (一) 判断题

1. √　2. ×　3. ×　4. √　5. √　6. √　7. ×　8. √　9. ×　10. √
11. ×　12. √　13. ×　14. ×　15. ×　16. √　17. √　18. ×　19. √　20. √
21. ×　22. √

### (二) 选择题

1. D　2. D　3. C　4. C　5. A　6. B　7. A　8. A　9. B　10. C
11. B　12. B　13. D　14. C　15. D　16. A　17. D　18. A　19. B　20. A
21. B　22. C　23. D　24. A　25. B　26. C

### (三) 简答题

1. 答：普通车床故障中最常见的故障如下：

1) 普通车床零部件的质量原因。车床本身的机械装置、元件、设备等,在车床运行过程中发生了质量问题,导致自身出现失灵或失控的情况,就会影响到普通车床的整体情况,引起磨损、破坏等问题,直接影响到车床的加工精度,进而干扰普通车床的实际运行。

2) 普通车床的安装、装配工艺内,缺乏精度控制措施。在安装中没有严格按照精度要求进行控制,只要有一处出现故障,就会干扰到普通车床的整体精度,不能保障普通车床的有效装配,导致安装与装配误差,在车床运行中引出故障干扰,逐渐降低了车床运行的精确度。

3) 普通车床使用中存在不合理的操作,干扰了车床的技术参数,导致车床在自身加工范围内缺乏有效的工作能力。

4) 普通车床在运行中保养与维修措施不到位。保养与维修是降低故障发生率的一项措施,而且决定了车床的使用效率。

2. 答：主轴箱的常见故障如下：

1) 开机时主轴不起动,切削时主轴转速自动降低或自动停机(俗称"闷车")。

2) 摩擦离合器操纵手柄处于停机位置时,主轴制动不灵。

3) 主轴发热(非正常温升),使主轴箱温升过高,引起车床热变形。

3. 答：普通车床二级保养内容有：

1) 检查并清洗主轴箱、进给箱、溜板箱等部件,修复或更换易损件,检查并调整摩擦离合器、脱落蜗杆等变速、联锁、制动机构,保证其性能良好、动作可靠。

2) 检查并修补导轨,刮掉导轨拉伤处,修刮各滑动面镶条并调整间隙,检查并调整横丝杠与螺母间隙。

3) 检查并清洗尾座套筒锥孔,刮除毛刺及拉伤。

4) 清洗并更换润滑部位油毡、油线和管路,修理漏(渗)油部位。

5) 检查主要几何精度,并调整或修复至精度要求。

6) 检查并修理元器件,保证电气联锁、限位、安全指示、过载保护等装置的灵敏可靠。

4. 答:(1) 电动刀架锁不紧

1) 发信盘位置没对正。拆开刀架的顶盖,旋动并调整发信盘位置,使刀架的霍尔元件对准磁钢,使刀位停在准确位置。

2) 系统反锁时间不够长。调整系统反锁时间参数即可(新刀架反锁时间 $t = 1.2s$)。

3) 机械锁紧机构故障。拆开刀架,调整机械,并检查定位销是否折断。

(2) 电动刀架某一位刀号不正常

1) 此位刀的霍尔元件损坏。确认是哪个刀位使刀架转不停,在系统中输入指令转动该刀位,用万用表测量该刀位信号触点对+24V 触点是否有电压变化,若无变化,可判定为该刀位霍尔元件损坏,应更换发信盘或霍尔元件。

2) 此刀位信号线断路,造成系统无法检测刀位信号。检查该刀位信号与系统的连线是否存在断路,正确连接即可。

3) 系统的刀位信号接收电路有问题。当确定该刀位霍尔元件没问题,并且该刀位信号与系统的连线也没问题时,应更换主板。

(3) 刀架不能起动

1) 机械原因。

① 刀架预紧力过大。如果用内六角扳手插入蜗杆端部旋转时不易转动,而用力时可以转动,但下次夹紧后刀架仍不能起动,则可确定刀架不能起动的原因是预紧力过大。此时,可通过调小刀架电动机夹紧电流来排除故障。

② 刀架内部机械卡死。当从蜗杆端部转动蜗杆时,若沿顺时针方向转不动,则原因是机械卡死。首先,检查夹紧装置反靠定位销是否在反靠棘轮槽内,若在,则需将反靠棘轮与螺杆连接销孔回转一个角度后重新打孔连接;其次,检查主轴螺母是否锁死,如果螺母锁死,应重新调整;再次,检查是否因润滑不良而造成旋转件研死,若是,应拆开观察实际情况,并进行润滑处理。

2) 电气原因。

① 电源不通、电动机不转。检查熔断器芯是否完好、电源开关是否良好接通、开关位置是否正确。用万用表测量电容时,电压值是否在规定范围内,可通过更换熔丝、调整开关位置、使接通部位接触良好等相应措施来排除故障。除此以外,电源不通的原因还可能是刀架至控制器断线、刀架内部断线、电刷式霍尔元件位置变化等。

② 若通电后电动机反转,可确定电动机相序接反。应通过检查电路,变换相序来排除故障。

③ 手动换刀正常、机控不换刀。应重点检查微机与刀架控制器引线、微机 I/O 接口及刀架到位回答信号。

# 第三部分

# 操作技能考核指导

## 操作技能1 车多头蜗杆

1. 考件图样（图3-1）

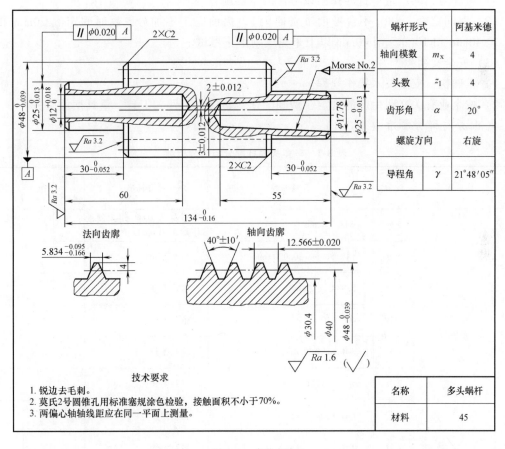

图3-1 多头蜗杆

2. 准备要求

1）考件材料为45热轧圆钢，锯断尺寸为 $\phi 50 mm \times 144 mm$ 一根。

2）车削蜗杆用切削液。

3）检验锥度用显示剂。

4) 装夹精度较高的单动卡盘。

5) 相关工具、量具、刀具。

3. 考核内容

(1) 考核要求

1) 考件的各尺寸精度、几何精度、表面粗糙度达到图样规定要求。

2) 不准使用磨石、砂布等辅助打光考件加工表面。

3) 不准使用专用偏心工具，但允许使用在考场内自制的偏心夹套（车制偏心夹套时间包含在考核时间定额内）。

4) 允许使用铰刀对 $\phi 12^{+0.018}_{\ 0}$ mm 孔进行加工，但深度尺寸必须符合图样要求。

5) 不准使用莫氏铰刀对圆锥孔进行铰削加工。

6) 未注公差尺寸按 IT12 公差等级加工。

7) 考件与图样严重不符的扣去该考件的全部配分。

(2) 时间定额　8h（不含考前准备时间）。提前完工不加分，超时间定额 20min 扣 5 分，超 40min 扣 10 分，超 40min 以上未完成则停止考试。

(3) 安全文明生产

1) 正确执行安全技术操作规程。

2) 按企业有关文明生产的规定，做到工作地整洁，工件、工具、量具摆放整齐。

4. 配分与评分标准（表 3-1）

表 3-1　车多头蜗杆配分与评分标准

| 序号 | 作业项目 | 配分 | 考核内容 | 评分标准 | 考核记录 | 扣分 | 得分 |
|---|---|---|---|---|---|---|---|
| 1 | 车蜗杆 | 5 分 | $\phi 48^{\ 0}_{-0.039}$ mm | 超差 0.01mm 扣 2 分；超差 0.01mm 以上无分 | | | |
| | | 5 分 | (12.566mm±0.020)mm | 超差无分 | | | |
| | | 5 分 | $5.834^{-0.095}_{-0.166}$ mm | 超差无分 | | | |
| | | 2 分 | 40°±10′ | 超差无分 | | | |
| | | 1 分 | $\phi 40$mm、$\phi 30.4$mm | 超差无分 | | | |
| | | 2 分 | $z_1 = 4$、右旋 | 超差无分 | | | |
| | | 4 分 | $Ra1.6\mu m \times 4$ 处 | 超差无分 | | | |
| | | 2 分 | 2×C2 | 超差无分 | | | |
| 2 | 车偏心外圆、内孔 | 5 分 | $\phi 25^{\ 0}_{-0.013}$ mm | 超差 0.01mm 扣 2 分；超差 0.01mm 以上无分 | | | |
| | | 3 分 | $30^{\ 0}_{-0.052}$ mm | 超差无分 | | | |
| | | 5 分 | (2±0.012)mm | 超差 0.01mm 扣 2 分；超差 0.01mm 以上无分 | | | |

(续)

| 序号 | 作业项目 | 配分 | 考核内容 | 评分标准 | 考核记录 | 扣分 | 得分 |
|---|---|---|---|---|---|---|---|
| 2 | 车偏心外圆、内孔 | 5分 | $\phi 12^{+0.018}_{0}$ mm | 超差0.01mm扣2分；超差0.01mm以上无分 | | | |
| | | 1分 | 60mm | 超差无分 | | | |
| | | 7分 | 平行度公差 $\phi$0.020mm(1处) | 超差无分 | | | |
| | | 2分 | $Ra$1.6μm(2处) | 超差无分 | | | |
| | | 2分 | $Ra$3.2μm(2处) | 超差无分 | | | |
| | | 1分 | 锐边去毛刺(1处) | 超差无分 | | | |
| 3 | 车偏心外圆、莫氏圆锥孔 | 5分 | $\phi 25^{0}_{-0.013}$ mm | 超差0.01mm扣2分；超差0.01mm以上无分 | | | |
| | | 3分 | $30^{0}_{-0.052}$ mm | 超差无分 | | | |
| | | 5分 | (3±0.012)mm | 超差0.01mm扣2分；超差0.01mm以上无分 | | | |
| | | 2分 | $\phi$17.78mm | 超差无分 | | | |
| | | 10分 | 莫氏2号圆锥孔涂色，接触面积不小于70% | 接触面积为60%~69%扣5分，小于60%无分 | | | |
| | | 1分 | 55mm | 超差无分 | | | |
| | | 7分 | 平行度公差 $\phi$0.020mm(1处) | 超差无分 | | | |
| | | 2分 | $Ra$1.6μm(2处) | 超差无分 | | | |
| | | 2分 | $Ra$3.2μm(2处) | 超差无分 | | | |
| | | 1分 | 锐边去毛刺(1处) | 超差无分 | | | |
| 4 | 车总长度 | 3分 | $134^{0}_{-0.16}$ mm | 超差无分 | | | |
| | | 2分 | $Ra$3.2μm(2处) | 超差无分 | | | |
| 5 | 安全文明生产 | | 遵守安全操作规程，正确使用工具、量具，操作现场整洁 | 按达到规定的标准程度评定，一项不符合要求在总分中扣2.5分 | | | |
| | | | 安全用电、防火、无人身设备事故 | 因违规操作而引发重大人身设备事故，此卷按0分计算 | | | |
| | 合计 | 100分 | | | | | |

# 操作技能 2 车 十 字 座

1. 考件图样（图 3-2）

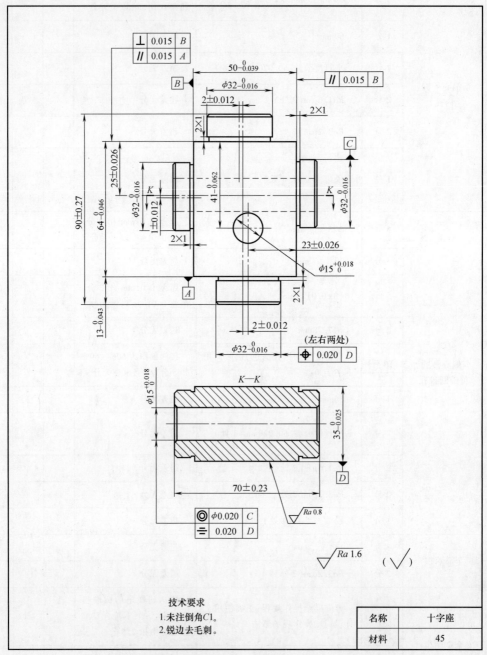

图 3-2 十字座

2. 准备要求

1）考件毛坯已加工至如图 3-3 所示。

2）钻、铰孔用切削液。
3）装夹精度较高的单动卡盘。
4）相关工具、量具、刀具。

3. 考核内容

（1）考核要求

1）考件的各尺寸精度、几何精度、表面粗糙度达到图样规定要求。

2）不准使用磨石、砂布等辅助打光考件加工表面。

3）允许使用铰刀铰削加工 $\phi15^{+0.018}_{0}$ mm 孔。

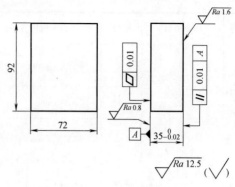

图 3-3 十字座毛坯图

4）考件应装夹在单动卡盘上完成加工。

5）未注公差尺寸按 IT12 公差等级加工。

6）考件与图样严重不符的扣去该考件的全部配分。

（2）时间定额  6h（不含考前准备时间），提前完工不加分，超时间定额 20min 扣 5 分，超 40min 扣 10 分，超 40min 以上未完成则停止考试。

（3）安全文明生产

1）正确执行安全技术操作规程。

2）按企业有关文明生产的规定，做到工作地整洁，工件、工具、量具摆放整齐。

4. 配分与评分标准（表 3-2）。

表 3-2 车十字座配分与评分标准

| 序号 | 作业项目 | 配分 | 考核内容 | 评分标准 | 考核记录 | 扣分 | 得分 |
|---|---|---|---|---|---|---|---|
| 1 | 车矩形、外圆(1) | 5分 | $\phi32^{0}_{-0.016}$mm | 超差 0.01mm 扣 2 分；超差 0.01mm 以上无分 | | | |
| | | 1分 | 2mm×1mm | 超差无分 | | | |
| | | 3分 | $13^{0}_{-0.043}$mm | 超差 0.01mm 扣 2 分；超差 0.01mm 以上无分 | | | |
| | | 5分 | (2±0.012)mm | 每超差 0.01mm 扣 2 分；超差 0.01mm 以上无分 | | | |
| | | 4分 | 位置度公差 0.02mm（2 处） | 超差无分 | | | |
| | | 3分 | $Ra$1.6μm（3 处） | 超差无分 | | | |
| | | 2分 | C1、锐边去毛刺（2 处） | 超差无分 | | | |
| 2 | 车矩形、外圆(2) | 5分 | $\phi32^{0}_{-0.016}$ mm | 每超差 0.01mm 扣 2 分；超差 0.02mm 以上无分 | | | |
| | | 1分 | 2mm×1mm | 超差无分 | | | |
| | | 3分 | $Ra$1.6μm（3 处） | 超差无分 | | | |
| | | 2分 | C1、锐边去毛刺（2 处） | 超差无分 | | | |

(续)

| 序号 | 作业项目 | 配分 | 考核内容 | 评分标准 | 考核记录 | 扣分 | 得分 |
|---|---|---|---|---|---|---|---|
| 3 | 车矩形、外圆(3) | 5分 | $\phi 32_{-0.016}^{0}$ mm | 每超差0.01mm扣2分;超差0.02mm以上无分 | | | |
| | | 1分 | 2mm×1mm | 超差无分 | | | |
| | | 4分 | $\phi 15_{0}^{+0.018}$ mm | 每超差0.01mm扣2分;超差0.02mm以上无分 | | | |
| | | 2分 | $50_{-0.039}^{0}$ | 每超差0.01mm扣2分;超差0.02mm以上无分 | | | |
| | | 2分 | (25±0.026)mm | 超差无分 | | | |
| | | 2分 | 同轴度公差 $\phi$0.02mm (1处) | 超差无分 | | | |
| | | 2分 | 对称度公差 0.02mm (1处) | 超差无分 | | | |
| | | 2分 | 平行度公差 0.015mm (1处) | 超差无分 | | | |
| | | 4分 | Ra1.6μm(4处) | 超差无分 | | | |
| | | 1.5分 | C1、锐边去毛刺(3处) | 超差无分 | | | |
| 4 | 车矩形、外圆(4) | 5分 | $\phi 32_{-0.016}^{0}$ mm | 每超差0.01mm扣2分;超差0.02mm以上无分 | | | |
| | | 1分 | 2mm×1mm | 超差无分 | | | |
| | | 5分 | (2±0.012)mm | 每超差0.01mm扣2分;超差0.02mm以上无分 | | | |
| | | 2分 | 垂直度公差 0.015mm (1处) | 超差无分 | | | |
| | | 2分 | 平行度公差 0.015mm (1处) | 超差无分 | | | |
| | | 2分 | $64_{-0.046}^{0}$ mm | 超差0.01mm扣2分;超差0.01mm以上无分 | | | |
| | | 2分 | (90±0.27)mm | 超差无分 | | | |
| | | 5分 | (1±0.012)mm | 超差无分 | | | |
| | | 3分 | Ra1.6μm(3处) | 超差无分 | | | |
| | | 2分 | C1、锐边去毛刺(2处) | 超差无分 | | | |

(续)

| 序号 | 作业项目 | 配分 | 考核内容 | 评分标准 | 考核记录 | 扣分 | 得分 |
|---|---|---|---|---|---|---|---|
| 5 | 车孔 | 5分 | $\phi15^{+0.018}_{0}$ mm | 每超差0.01mm 扣2分；超差0.02mm 以上无分 | | | |
| | | 4分 | $(23\pm0.026)$ mm | 超差无分 | | | |
| | | 2分 | $41^{0}_{-0.062}$ mm | 超差无分 | | | |
| | | 0.5分 | $Ra1.6\mu m$（1处） | 超差无分 | | | |
| 6 | 安全文明生产 | | 遵守安全操作规程，正确使用工具、量具，操作现场整洁 | 按达到规定的标准程度评定，一项不符合要求在总分中扣2.5分 | | | |
| | | | 安全用电、防火、无人身设备事故 | 因违规操作而引发重大人身设备事故，此卷按0分计算 | | | |
| | 合计 | 100分 | | | | | |

# 操作技能3　车　阀　体

1. 考件图样（图3-4）

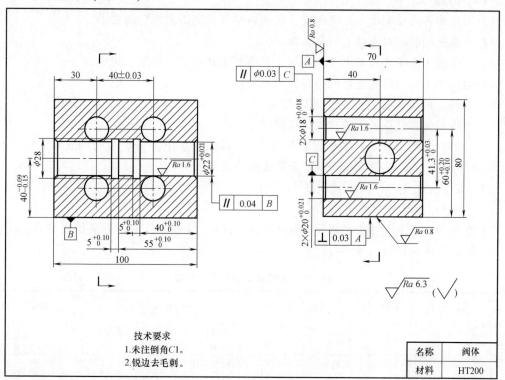

图3-4　阀体

2. 准备要求

1) 考件材料为铸件，毛坯已加工至如图3-5所示。

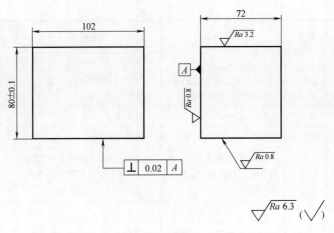

图 3-5 阀体毛坯图

2) 钻、铰孔用切削液。
3) 花盘、角铁。
4) 相关工具、量具、刀具。

3. 考核内容

(1) 考核要求

1) 考件的各尺寸精度、几何精度、表面粗糙度达到图样规定的要求。
2) 不准使用砂布对考件进行修整加工。
3) 不准使用车床夹具完成考核项目,允许装夹在花盘、角铁上完成。
4) 允许使用铰刀对孔进行铰削加工。
5) 未注公差尺寸按 IT12 公差等级加工。
6) 考件与图样严重不符的扣去该考件的全部配分。

(2) 时间定额  8h(不含考前准备时间)。提前完工不加分,超时间定额 25min 扣 5 分,超 50min 扣 10 分,超 50min 以上未完成则停止考试。

(3) 安全文明生产

1) 正确执行安全技术操作规程。
2) 按企业有关文明生产的规定,做到工作地整洁、工件、工具、量具摆放整齐。

4. 配分与评分标准(表 3-3)

表 3-3  车阀体配分与评分标准

| 序号 | 作业项目 | 配分 | 考核内容 | 评分标准 | 考核记录 | 扣分 | 得分 |
|---|---|---|---|---|---|---|---|
| 1 | 车 φ22mm 孔 | 5 分 | $\phi22_{0}^{+0.021}$ mm | 每超差 0.01mm 扣 2 分;超差 0.02mm 以上无分 | | | |
| | | 3 分 | φ28mm | 超差无分 | | | |
| | | 3 分 | $55_{0}^{+0.10}$ mm | 每超差 0.01mm 扣 2 分;超差 0.02mm 以上无分 | | | |
| | | 6 分 | $2\times5_{0}^{+0.10}$ mm | 超差无分 | | | |
| | | 3 分 | $40_{-0.15}^{-0.09}$ mm | 每超差 0.01mm 扣 2 分;超差 0.02mm 以上无分 | | | |

(续)

| 序号 | 作业项目 | 配分 | 考核内容 | 评分标准 | 考核记录 | 扣分 | 得分 |
|---|---|---|---|---|---|---|---|
| 1 | 车 $\phi$22mm 孔 | 1分 | 40mm | 超差无分 | | | |
| | | 4分 | 平行度 0.04mm（1处） | 超差无分 | | | |
| | | 2分 | $Ra1.6\mu m$（1处） | 超差无分 | | | |
| | | 2分 | $Ra6.3\mu m$（2处） | 超差无分 | | | |
| 2 | 车长度 | 3分 | 100mm | 超差无分 | | | |
| | | 1分 | $Ra6.3\mu m$（1处） | 超差无分 | | | |
| 3 | 车内孔(1) | 5分 | $\phi18_{0}^{+0.018}$ mm | 每超差 0.01mm 扣2分；超差 0.02mm 以上无分 | | | |
| | | 1分 | 70mm | 超差无分 | | | |
| | | 1分 | 30mm | 超差无分 | | | |
| | | 3分 | $60_{+0.10}^{+0.20}$ mm | 超差无分 | | | |
| | | 2分 | $Ra1.6\mu m$（1处） | 超差无分 | | | |
| 4 | 车内孔(2) | 5分 | $\phi18_{0}^{+0.018}$ mm | 每超差 0.01mm 扣2分；超差 0.02mm 以上无分 | | | |
| | | 1分 | 30mm | 超差无分 | | | |
| | | 5分 | $41.3_{0}^{+0.03}$ mm | 每超差 0.01mm 扣2分；超差 0.02mm 以上无分 | | | |
| | | 4分 | 平行度 $\phi$0.03mm（1处） | 超差无分 | | | |
| | | 2分 | $Ra1.6\mu m$（1处） | 超差无分 | | | |
| 5 | 车内孔(3) | 5分 | $\phi18_{0}^{+0.018}$ mm | 每超差 0.01mm 扣2分；超差 0.02mm 以上无分 | | | |
| | | 4分 | (40±0.03)mm | 超差无分 | | | |
| | | 3分 | $60_{+0.10}^{+0.20}$ mm | 超差无分 | | | |
| | | 4分 | 平行度 $\phi$0.03mm（1处） | 超差无分 | | | |
| | | 2分 | $Ra1.6\mu m$（1处） | 超差无分 | | | |
| 6 | 车内孔(4) | 5分 | $\phi18_{0}^{+0.018}$ mm | 每超差 0.01mm 扣2分；超差 0.02mm 以上无分 | | | |
| | | 4分 | (40±0.03)mm | 超差无分 | | | |
| | | 5分 | $41.3_{0}^{+0.03}$ mm | 每超差 0.01mm 扣2分；超差 0.02mm 以上无分 | | | |
| | | 4分 | 平行度 $\phi$0.03mm（1处） | 超差无分 | | | |
| | | 2分 | $Ra1.6\mu m$（1处） | 超差无分 | | | |
| 7 | 安全文明生产 | | 遵守安全操作规程，正确使用工具、量具，操作现场整洁 | 按达到规定的标准程度评定，一项不符合要求在总分中扣 2.5 分 | | | |
| | | | 安全用电、防火、无人身设备事故 | 因违规操作而引发重大人身设备事故，此卷按0分计算 | | | |
| | 合计 | 100分 | | | | | |

# 操作技能 4　车　曲　轴

## 1. 考件图样（图 3-6）

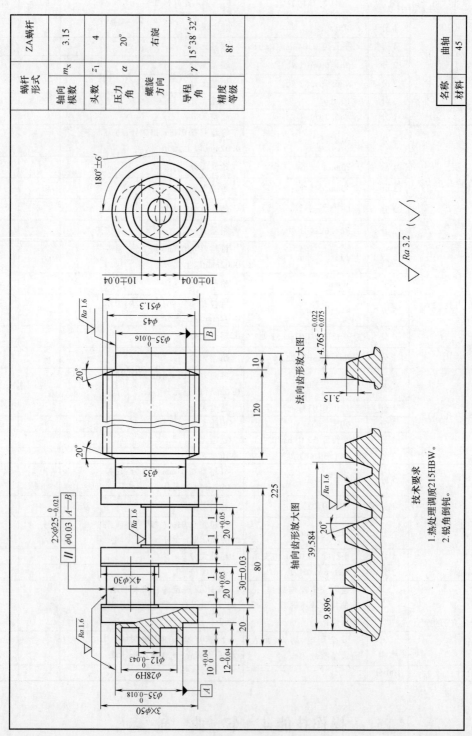

图 3-6 曲轴

## 2. 准备要求

1) 考件材料为 45 热轧圆钢，锯断尺寸为 $\phi55mm \times 230mm$ 一根，并经调质处理。
2) 车削蜗杆用切削液。
3) 蜗杆车刀 $m_x = 3.15mm$。
4) 相关工具、量具、刀具。

## 3. 考核内容

(1) 考核要求

1) 考件的各尺寸精度、几何精度、表面粗糙度达到图样规定的要求。
2) 不准使用锉刀、砂布对考件进行修整加工（允许用于锐角倒钝）。
3) 不允许使用分度盘等工艺装备对蜗杆进行分头车削。
4) 不允许在其他机床上加工两端曲柄中心孔，但允许在考核时间内自制偏心夹套。
5) 未注公差尺寸按 IT12 公差等级加工。
6) 考件与图样严重不符的扣去该考件的全部配分。

(2) 时间定额　8h（不含考前准备时间）。提前完工不加分，超时间定额 25min 扣 5 分，超 50min 扣 10 分，超 50min 以上未完成则停止考试。

(3) 安全文明生产

1) 正确执行安全技术操作规程。
2) 按企业有关文明生产的规定，做到工作地整洁，工具、量具摆放整齐。

## 4. 配分与评分标准（表 3-4）

表 3-4　车曲轴配分与评分标准

| 序号 | 作业项目 | 配分 | 考核内容 | 评分标准 | 考核记录 | 扣分 | 得分 |
|---|---|---|---|---|---|---|---|
| 1 | 车蜗杆 | 4 分 | $\phi35_{-0.016}^{0}mm$ | 超差 0.01mm 扣 2 分；超差 0.01mm 以上无分 | | | |
| | | 1 分 | $\phi51.3mm$ | 超差无分 | | | |
| | | 8 分 | $4.765_{-0.075}^{-0.022}mm$ | 超差 0.01mm 扣 4 分；超差 0.01mm 以上无分 | | | |
| | | 4 分 | 9.896mm | 超差无分 | | | |
| | | 2 分 | 20° | 超差无分 | | | |
| | | 3 分 | 10mm、120mm、$\phi35mm$ | 超差无分 | | | |
| | | 3 分 | $Ra1.6\mu m$（3 处） | 超差无分 | | | |
| | | 1.5 分 | $Ra3.2\mu m$（3 处） | 超差无分 | | | |
| | | 1 分 | $2 \times 20°$（2 处） | 超差无分 | | | |
| 2 | 车偏心 | 8 分 | $2 \times \phi25_{-0.021}^{0}mm$ | 超差 0.01mm 扣 4 分；超差 0.01mm 以上无分 | | | |
| | | 2 分 | $4 \times \phi30mm$ | 超差无分 | | | |
| | | 4 分 | $2 \times (10 \pm 0.04)mm$ | 超差无分 | | | |
| | | 2 分 | $4 \times 1mm$ | 超差无分 | | | |

(续)

| 序号 | 作业项目 | 配分 | 考核内容 | 评分标准 | 考核记录 | 扣分 | 得分 |
|---|---|---|---|---|---|---|---|
| 2 | 车偏心 | 6分 | $2\times 20_{0}^{+0.05}$ mm | 超差0.01mm扣3分;超差0.01mm以上无分 | | | |
| | | 4分 | $(30\pm 0.03)$ mm | 超差无分 | | | |
| | | 10分 | $180°\pm 6'$ | 超差无分 | | | |
| | | 3分 | 平行度公差 $\phi 0.03$ mm（1处） | 超差无分 | | | |
| | | 2分 | $Ra1.6\mu m$（2处） | 超差无分 | | | |
| | | 4分 | $Ra3.2\mu m$（8处） | 超差无分 | | | |
| 3 | 车外圆、长度 | 3分 | $3\times\phi 50$ mm | 超差无分 | | | |
| | | 4分 | $\phi 35_{-0.016}^{0}$ mm | 超差0.01mm扣2分;超差0.01mm以上无分 | | | |
| | | 4分 | $\phi 28H9$ | 超差0.01mm扣2分;超差0.01mm以上无分 | | | |
| | | 3分 | $\phi 12_{-0.043}^{0}$ mm | 超差0.01mm扣2分;超差0.01mm以上无分 | | | |
| | | 3分 | $10_{0}^{+0.04}$ mm | 超差0.01mm扣2分;超差0.01mm以上无分 | | | |
| | | 3分 | $12_{-0.04}^{0}$ mm | 超差0.01mm扣2分;超差0.01mm以上无分 | | | |
| | | 3分 | 20mm、80mm、225mm | 超差无分 | | | |
| | | 1分 | $Ra1.6\mu m$（1处） | 超差无分 | | | |
| | | 3.5分 | $Ra3.2\mu m$（7处） | 超差无分 | | | |
| 4 | 安全文明生产 | | 遵守安全操作规程,正确使用工具、量具,操作现场整洁 | 按达到规定的标准程度评定,一项不符合要求在总分中扣2.5分 | | | |
| | | | 安全用电、防火、无人身设备事故 | 因违规操作而引发重大人身设备事故,此卷按0分计算 | | | |
| | 合计 | 100分 | | | | | |

# 操作技能5 车 接 头

1. 考件图样（图3-7）
2. 准备要求
1) 考件材料为45热轧圆钢，锯断尺寸为 $\phi 50$ mm×105mm一根。
2) 钻、铰孔及精车梯形螺纹用切削液。
3) 检验锥度用显示剂。
4) 装夹精度较高的单动卡盘。
5) 相关工具、量具、刀具。

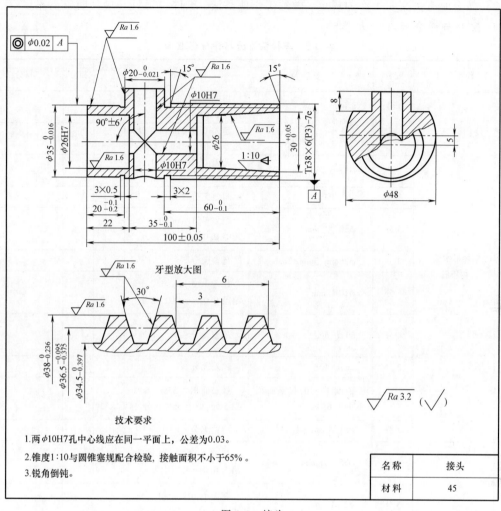

图 3-7 接头

### 3. 考核内容

(1) 考核要求

1) 考件的各尺寸精度、几何精度、表面粗糙度达到图样规定要求。
2) 不准使用砂布、磨石等辅助打光考件加工表面。
3) 不允许使用分度盘等工艺装备对多线螺纹进行分线车削。
4) 锥度 1:10 不允许使用靠模或锥度铰刀进行加工。
5) 允许使用铰刀对 2×φ10H7 孔进行铰削加工。
6) 未注公差尺寸按 IT12 公差等级加工。
7) 考件与图样严重不符的扣去该考件的全部配分。

(2) 时间定额 7h（不含考前准备时间），提前完工不加分，超时间定额 20min 扣 5 分，超 40min 扣 10 分，超 40min 以上未完成则停止考试。

(3) 安全文明生产

1) 正确执行安全技术操作规程。

2) 按企业有关文明生产的规定，做到工作地整洁，工件、工具、量具摆放整齐。

4. 配分与评分标准（表3-5）

表3-5 车接头配分与评分标准

| 序号 | 作业项目 | 配分 | 考核内容 | 评分标准 | 考核记录 | 扣分 | 得分 |
|---|---|---|---|---|---|---|---|
| 1 | 车梯形螺纹、内锥孔 | 2分 | $\phi38_{-0.236}^{0}$mm | 超差0.01mm扣1分；超差0.01mm以上无分 | | | |
| | | 10分 | $\phi36.5_{-0.375}^{-0.095}$mm | 超差0.01mm扣5分；超差0.01mm以上无分 | | | |
| | | 2分 | $\phi34.5_{-0.397}^{0}$mm | 超差0.01mm扣1分；超差0.01mm以上无分 | | | |
| | | 3分 | 30°、P3 | 超差无分 | | | |
| | | 5分 | $\phi30_{0}^{+0.05}$mm | 超差0.01mm扣2分；超差0.01mm以上无分 | | | |
| | | 3分 | $\phi26$mm、3mm×2mm | 超差无分 | | | |
| | | 5分 | $\phi10$H7mm | 超差0.01mm扣2分；超差0.01mm以上无分 | | | |
| | | 4分 | $60_{-0.1}^{0}$mm | 超差无分 | | | |
| | | 2分 | 2mm×15° | 超差无分 | | | |
| | | 10分 | 锥度1:10，接触面积不小于65% | 接触面积为55%~60%扣5分，小于55%无分 | | | |
| | | 4分 | $Ra1.6\mu$m（4处） | 超差无分 | | | |
| 2 | 车外圆、总长 | 5分 | $\phi35_{-0.016}^{0}$mm | 超差0.01mm扣2分；超差0.01mm以上无分 | | | |
| | | 5分 | $\phi26$H7mm | 超差0.01mm扣2分；超差0.01mm以上无分 | | | |
| | | 4分 | 3mm×0.5mm、22mm | 超差无分 | | | |
| | | 3分 | $20_{-0.2}^{-0.1}$mm | 超差无分 | | | |
| | | 3分 | $35_{-0.1}^{0}$mm | 超差无分 | | | |
| | | 3分 | （100±0.05）mm | 超差无分 | | | |
| | | 4分 | 同轴度$\phi0.02$mm（1处） | 超差无分 | | | |
| | | 2分 | $Ra1.6\mu$m（2处） | 超差无分 | | | |
| 3 | 车十字孔 | 5分 | $\phi20_{-0.021}^{0}$mm | 超差0.01mm扣2分；超差0.01mm以上无分 | | | |
| | | 1分 | 8mm | 超差无分 | | | |
| | | 8分 | 90°±6′ | 超差无分 | | | |
| | | 5分 | $\phi10$H7mm | 超差0.01mm扣2分；超差0.01mm以上无分 | | | |
| | | 2分 | $Ra1.6\mu$m（2处） | 超差无分 | | | |

(续)

| 序号 | 作业项目 | 配分 | 考核内容 | 评分标准 | 考核记录 | 扣分 | 得分 |
|---|---|---|---|---|---|---|---|
| 4 | 安全文明生产 | | 遵守安全操作规程，正确使用工具、量具，操作现场整洁 | 按达到规定的标准程度评定，一项不符合要求在总分中扣2.5分 | | | |
| | | | 安全用电、防火、无人身设备事故 | 因违规操作而引发重大人身设备事故，此卷按0分计算 | | | |
| 合计 | | 100分 | | | | | |

## 操作技能6　车三拐曲轴

### 1. 考件图样（图3-8）

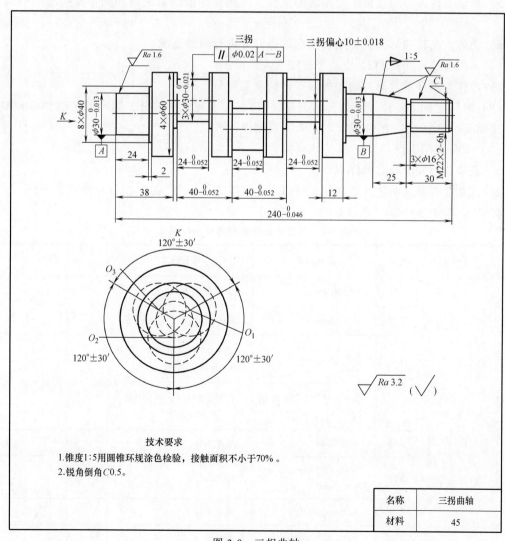

图3-8　三拐曲轴

## 2. 准备要求

1) 考件材料为 45 热轧圆钢,锯断尺寸为 $\phi 65mm \times 250mm$ 一根。
2) 检验锥度用显示剂。
3) 精度较高的单动卡盘。
4) 相关工具、量具、刀具。

## 3. 考核内容

(1) 考核要求

1) 考件的各尺寸精度、几何精度、表面粗糙度达到图样规定要求。
2) 不准使用锉刀、砂布、磨石等辅助打光考件加工表面。
3) 锥度 1∶5 不允许使用靠模车削。
4) 两端曲柄颈中心孔不允许在其他机床上加工,也不允许使用专用偏心夹具钻中心孔。
5) 由于工件偏心距超出了指示表的量程,因此允许借助量块辅助测量及找准曲柄的偏心距。
6) 为防止曲轴变形,允许用辅助支承螺钉等进行辅助支承。
7) 未注公差尺寸按 IT12 公差等级加工。
8) 考件与图样严重不符的扣去该考件的全部配分。

(2) 时间定额 6.5h(不含考前准备时间)。提前完工不加分,超时间定额 20min 扣 5 分,超 40min 扣 10 分,超 40min 以上未完成则停止考试。

(3) 安全文明生产

1) 正确执行安全技术操作规程。
2) 按企业有关文明生产的规定,做到工作地整洁,工件、工具、量具摆放整齐。

## 4. 配分与评分标准(表 3-6)

表 3-6 车三拐曲轴配分与评分标准

| 序号 | 作业项目 | 配分 | 考核内容 | 评分标准 | 考核记录 | 扣分 | 得分 |
|---|---|---|---|---|---|---|---|
| 1 | 车外圆、螺纹 | 4 分 | $4 \times \phi 60mm$ | 超差无分 | | | |
| | | 2 分 | $2 \times \phi 40mm$ | 超差无分 | | | |
| | | 4 分 | $\phi 30_{-0.013}^{0}$ mm | 超差 0.01mm 扣 2 分;超差 0.01mm 以上无分 | | | |
| | | 6 分 | 1∶5 锥度,接触面积不小于 70% | 接触面积为 60%~69% 扣 3 分,小于 60% 无分 | | | |
| | | 6 分 | M22×2-6h | 超差无分 | | | |
| | | 3 分 | 3mm×$\phi 16mm$、25mm、30mm、2mm | 超差无分 | | | |
| | | 2 分 | $Ra1.6\mu m$(2 处) | 超差无分 | | | |
| | | 1 分 | C1(1 处) | 超差无分 | | | |

(续)

| 序号 | 作业项目 | 配分 | 考核内容 | 评分标准 | 考核记录 | 扣分 | 得分 |
|---|---|---|---|---|---|---|---|
| 2 | 车曲拐 | 4分 | $\phi 30_{-0.013}^{0}$mm | 超差0.01mm扣2分；超差0.01mm以上无分 | | | |
| | | 6分 | $6 \times \phi 40$mm | 超差无分 | | | |
| | | 12分 | $3 \times \phi 30_{-0.021}^{0}$mm | 超差0.01mm扣6分；超差0.01mm以上无分 | | | |
| | | 6分 | $3 \times 24_{-0.052}^{0}$mm | 超差无分 | | | |
| | | 4分 | $2 \times 40_{-0.052}^{0}$mm | 超差无分 | | | |
| | | 9分 | $3 \times (120° \pm 30')$ | 超差无分 | | | |
| | | 4分 | $6 \times 2$mm、12mm | 超差无分 | | | |
| | | 9分 | 三拐偏心$(10 \pm 0.018)$mm | 超差无分 | | | |
| | | 9分 | 三拐平行度公差$\phi 0.02$mm | 超差无分 | | | |
| 3 | 车外圆、总长 | 4分 | $\phi 30_{-0.013}^{0}$mm | 超差0.01mm扣2分；超差0.01mm以上无分 | | | |
| | | 4分 | $\phi 40$mm、24mm、2mm、38mm | 超差无分 | | | |
| | | 1分 | $Ra1.6\mu m$（1处） | 超差无分 | | | |
| 4 | 安全文明生产 | | 遵守安全操作规程，正确使用工具、量具，操作现场整洁 | 按达到规定的标准程度评定，一项不符合要求在总分中扣2.5分 | | | |
| | | | 安全用电、防火、无人身设备事故 | 因违规操作而引发重大人身设备事故，此卷按0分计算 | | | |
| 合计 | | 100分 | | | | | |

## 操作技能7　车滑移心轴组合件

1. 考件图样（图3-9~图3-12）
2. 准备要求
1）考件材料为45热轧圆钢，锯断尺寸为$\phi 50$mm×117mm一根、$\phi 75$mm×60mm两根。
2）检验锥度用显示剂。
3）切削液。
4）相关工具、量具、刀具。
3. 考核内容
（1）考核要求
1）各考件的尺寸精度、几何精度、表面粗糙度达到图样规定要求；组合后应达到装配图样规定的技术要求。
2）不准使用砂布、磨石等辅助打光考件加工表面。

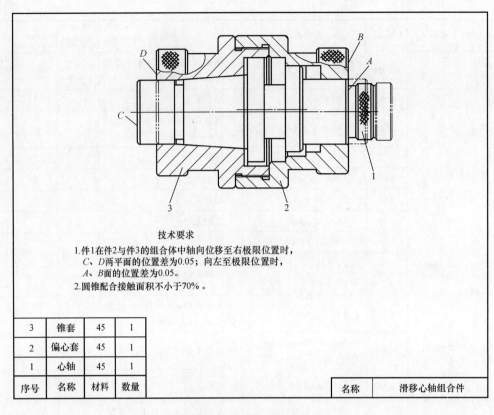

**技术要求**

1. 件1在件2与件3的组合体中轴向位移至右极限位置时，C、D两平面的位置差为0.05；向左至极限位置时，A、B面的位置差为0.05。
2. 圆锥配合接触面积不小于70%。

| 3 | 锥套 | 45 | 1 |
|---|---|---|---|
| 2 | 偏心套 | 45 | 1 |
| 1 | 心轴 | 45 | 1 |
| 序号 | 名称 | 材料 | 数量 |

| 名称 | 滑移心轴组合件 |
|---|---|

图 3-9　滑移心轴组合件

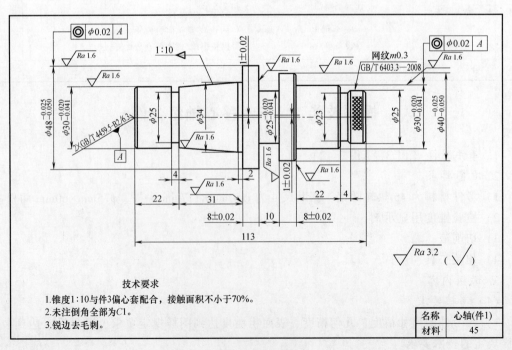

**技术要求**

1. 锥度1:10与件3偏心套配合，接触面积不小于70%。
2. 未注倒角全部为C1。
3. 锐边去毛刺。

| 名称 | 心轴(件1) |
|---|---|
| 材料 | 45 |

图 3-10　心轴

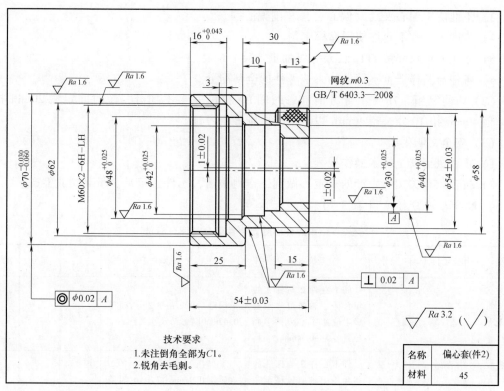

图 3-11 偏心套

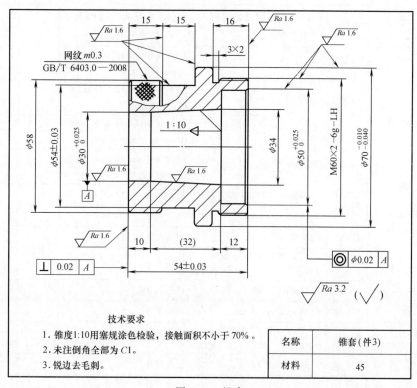

图 3-12 锥套

3) 不准使用偏心夹具（偏心套）车削偏心圆。
4) 锥度 1∶10 不允许使用靠模车削。
5) 未注公差尺寸按 IT12 公差等级加工。
6) 考件与图样严重不符的扣去该考件的全部配分。
（2）时间定额 7h（不含考前准备时间）。提前完工不加分，超时间定额 20min 扣 5 分，超 40min 扣 10 分，超 40min 以上未完成则停止考试。
（3）安全文明生产
1) 正确执行安全技术操作规程。
2) 按企业有关文明生产的规定，做到工作地整洁，工件、工具、量具摆放整齐。

4. 配分与评分标准（表 3-7）

表 3-7 车滑移心轴组合件配分与评分标准

| 零件 | 作业项目 | 配分 | 考核内容 | 评分标准 | 考核记录 | 扣分 | 得分 |
|---|---|---|---|---|---|---|---|
| 组装件 | 组装后装配尺寸 | 4分 | 件1在件2与件3的组合体中轴向位移至右极限位置时，$C$、$D$ 两平面位置差为 ±0.05mm | 超差 0.02mm 扣 2 分；超差 0.02mm 以上无分 | | | |
| | | 4分 | 件1在件2与件3的组合体中轴向位移至左极限位置时，$A$、$B$ 两平面位置差为 ±0.05mm | 超差 0.02mm 扣 2 分；超差 0.05mm 以上无分 | | | |
| | | 4分 | 圆锥配合的接触面积不小于 70% | 接触面积为 60%~69% 扣 2 分，小于 60% 无分 | | | |
| 心轴 | 车外圆、偏心、沟槽、滚花 | 2分 | $\phi 48_{-0.050}^{-0.025}$mm | 超差 0.01mm 扣 1 分；超差 0.01mm 以上无分 | | | |
| | | 2分 | $\phi 40_{-0.050}^{-0.025}$mm | 超差 0.01mm 扣 1 分；超差 0.01mm 以上无分 | | | |
| | | 2分 | $\phi 30_{-0.041}^{-0.020}$mm | 超差 0.01mm 扣 1 分；超差 0.01mm 以上无分 | | | |
| | | 2分 | $\phi 25_{-0.041}^{-0.020}$mm | 超差 0.01mm 扣 1 分；超差 0.01mm 以上无分 | | | |
| | | 0.4分 | $\phi 25$mm、$\phi 23$mm | 超差无分 | | | |
| | | 1分 | (1±0.02)mm | 超差无分 | | | |
| | | 1.5分 | 网纹 $m0.3$ | 超差无分 | | | |
| | | 2分 | 同轴度公差 $\phi 0.02$mm（1 处） | 超差无分 | | | |
| | | 1分 | (8±0.02)mm | 超差无分 | | | |
| | | 0.6分 | 4mm、22mm、10mm | 超差无分 | | | |
| | | 0.4分 | 2 × GB/T 4459.5—B2/6.3 | 超差无分 | | | |
| | | 3.5分 | $Ra1.6\mu m$（7 处） | 超差无分 | | | |
| | | 0.8分 | $C1$（4 处） | 超差无分 | | | |

(续)

| 零件 | 作业项目 | 配分 | 考核内容 | 评分标准 | 考核记录 | 扣分 | 得分 |
|---|---|---|---|---|---|---|---|
| 心轴 | 车锥度、长度 | 2分 | $\phi 30_{-0.041}^{-0.020}$ mm | 超差0.01mm扣1分；超差0.01mm以上无分 | | | |
| | | 2.5分 | 1:10锥度，接触面积不小于70% | 接触面积为60%~69%扣1.5分，小于60%无分 | | | |
| | | 0.4分 | $\phi 25$mm、$\phi 34$mm | 超差无分 | | | |
| | | 1分 | $(8\pm 0.02)$mm | 超差无分 | | | |
| | | 1分 | 2mm、4mm、22mm、31mm、113mm | 超差无分 | | | |
| | | 2分 | 同轴度公差 $\phi 0.02$mm（1处） | 超差无分 | | | |
| | | 1.5分 | $Ra1.6\mu m$（3处） | 超差无分 | | | |
| | | 1分 | $Ra3.2\mu m$（4处） | 超差无分 | | | |
| | | 0.2分 | $C1$（1处） | 超差无分 | | | |
| 偏心套 | 车外圆、沟槽 | 0.4分 | $\phi 58$mm、15mm | 超差无分 | | | |
| | | 1分 | $\phi(54\pm 0.03)$mm | 超差无分 | | | |
| | | 2分 | $\phi 30_{0}^{+0.025}$mm | 超差0.01mm扣1分；超差0.01mm以上无分 | | | |
| | | 1.5分 | 网纹 $m0.3$ | 超差无分 | | | |
| | | 0.5分 | $Ra1.6\mu m$（1处） | 超差无分 | | | |
| | 车外圆、内孔、偏心、内螺纹、总长 | 2分 | $\phi 70_{-0.060}^{-0.030}$mm | 超差0.01mm扣1分；超差0.01mm以上无分 | | | |
| | | 0.5分 | $\phi 62$mm | 超差无分 | | | |
| | | 2.5分 | M60×2-6H-LH | 超差无分 | | | |
| | | 2分 | $\phi 48_{0}^{+0.025}$mm | 超差0.01mm扣1分；超差0.01mm以上无分 | | | |
| | | 2分 | $\phi 42_{0}^{+0.025}$mm | 超差0.01mm扣1分；超差0.01mm以上无分 | | | |
| | | 2分 | $\phi 40_{0}^{+0.025}$mm | 超差0.01mm扣1分；超差0.01mm以上无分 | | | |
| | | 2分 | $2\times(1\pm 0.02)$mm | 超差无分 | | | |
| | | 1分 | $(54\pm 0.03)$mm | 超差无分 | | | |
| | | 1.5分 | $16_{0}^{+0.043}$mm | 超差无分 | | | |
| | | 1分 | 25mm、3mm、10mm、13mm、30mm | 超差无分 | | | |
| | | 2分 | 垂直度公差 0.02mm | 超差无分 | | | |
| | | 2分 | 同轴度公差 $\phi 0.02$mm | 超差无分 | | | |
| | | 2.5分 | $Ra1.6\mu m$（5处） | 超差无分 | | | |
| | | 1.8分 | $C1$（9处） | 超差无分 | | | |

(续)

| 零件 | 作业项目 | 配分 | 考核内容 | 评分标准 | 考核记录 | 扣分 | 得分 |
|---|---|---|---|---|---|---|---|
| 锥套 | 车外圆、滚花 | 1.5分 | 网纹m0.3 | 根据网纹清晰度酌情扣分 | | | |
| | | 0.2分 | $\phi 58$mm | 超差无分 | | | |
| | | 0.5分 | $\phi(54\pm0.03)$mm | 超差无分 | | | |
| | | 1.5分 | $\phi 70_{-0.040}^{-0.010}$mm | 超差0.01mm扣1分;超差0.01mm以上无分 | | | |
| | | 0.4分 | 2×15mm | 超差无分 | | | |
| | | 2.5分 | $Ra1.6\mu m$(5处) | 超差无分 | | | |
| | | 0.6分 | C1(3处) | 超差无分 | | | |
| | 车螺纹、内孔、锥度、总长 | 3分 | M60×2-6g-LH | 超差无分 | | | |
| | | 2分 | $\phi 50_{0}^{+0.025}$mm | 超差0.01mm扣1分;超差0.01mm以上无分 | | | |
| | | 2分 | $\phi 30_{0}^{+0.025}$mm | 超差0.01mm扣1分;超差0.01mm以上无分 | | | |
| | | 2.5分 | 1:10锥度,接触面积不小于70% | 接触面积为60%~69%扣1.5分,小于60%无分 | | | |
| | | 2分 | 同轴度公差$\phi 0.02$mm(1处) | 超差无分 | | | |
| | | 2分 | 垂直度公差0.02mm(1处) | 超差无分 | | | |
| | | 1分 | $\phi 34$mm、3mm×2mm、16mm、10mm、12mm | 超差无分 | | | |
| | | 2分 | (54±0.03)mm | 超差无分 | | | |
| | | 2.5分 | $Ra1.6\mu m$(5处) | 超差无分 | | | |
| | | 0.8分 | C1(4处) | 超差无分 | | | |
| | 安全文明生产 | | 遵守安全操作规程,正确使用工具、量具,操作现场整洁 | 按达到规定的标准程度评定,一项不符合要求在总分中扣2.5分 | | | |
| | | | 安全用电、防火、无人身设备事故 | 因违规操作而引发重大人身设备事故,此卷按0分计算 | | | |
| 合计 | | 100分 | | | | | |

## 操作技能 8　车球头偏心轴串套组合件

1. 考件图样（图 3-13～图 3-17）

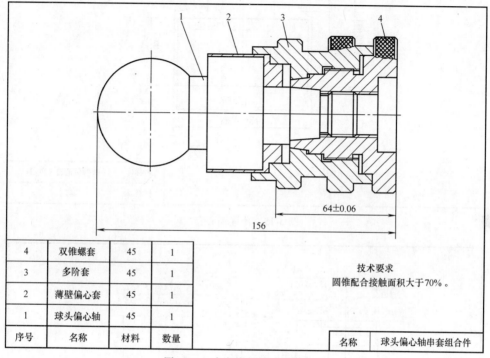

图 3-13　球头偏心轴串套组合件

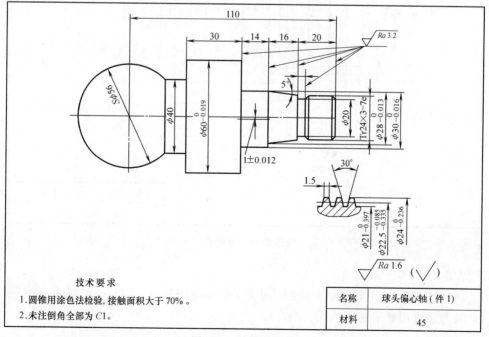

图 3-14　球头偏心轴

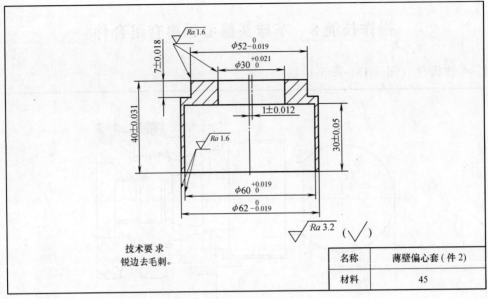

图 3-15 薄壁偏心套

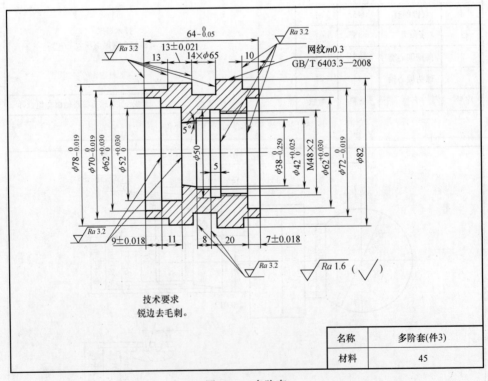

图 3-16 多阶套

2. 准备要求

1）考件材料为 45 热轧圆钢，锯断尺寸为 $\phi65mm\times190mm$、$\phi85mm\times135mm$ 各一根。

2）检验锥度用显示剂。

3）切削液。

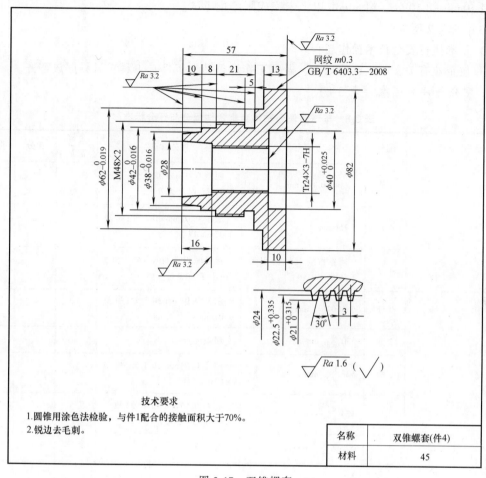

图 3-17 双锥螺套

4) 精度较高的单动卡盘。
5) 相关工具、量具、刀具。

3. 考核内容

（1）考核要求

1) 各考件的尺寸精度、几何精度、表面粗糙度达到图样规定要求；组合后应达到装配图样规定尺寸（64±0.06）mm 及 156mm。

2) 不准使用锉刀、砂布对考件进行修整加工。

3) 圆球 $S\phi56$mm 允许使用自磨成形车刀加工。

4) 车削 Tr24×3 外螺纹时，不准使用螺纹量规测量。

5) Tr24×3 内螺纹不准使用丝锥加工。

6) 不允许使用偏心夹具（偏心轴、套）车削偏心圆。

7) 圆锥半角 5° 不准使用靠模车削。

8) 未注公差尺寸按 IT12 公差等级加工。

9) 考件与图样严重不符的扣去该考件的全部配分。

（2）时间定额  8h（不含考前准备时间）。提前完工不加分，超时间定额 25min 扣 5

分,超 50min 扣 10 分,超 50min 以上未完成则停止考试。

(3) 安全文明生产

1) 正确执行安全技术操作规程。

2) 按企业有关文明生产的规定,做到工作地整洁,工件、工具、量具摆放整齐。

4. 配分与评分标准(表 3-8)

表 3-8 车球头偏心轴串套组合件配分与评分标准

| 零件 | 作业项目 | 配分 | 考核内容 | 评分标准 | 考核记录 | 扣分 | 得分 |
|---|---|---|---|---|---|---|---|
| 组合件 | 组合后装配尺寸 | 4 分 | $(64\pm0.06)$mm | 超差 0.02mm 扣 2 分;超差 0.02mm 以上无分 | | | |
| | | 4 分 | 156mm | 超差 0.02mm 扣 2 分;超差 0.02mm 以上无分 | | | |
| | | 4 分 | 圆锥配合接触面积大于 70% | 接触面积为 60%~69% 扣 2 分;小于 60% 无分 | | | |
| 球头偏心轴 | 车外圆、偏心、梯形螺纹、锥度 | 2 分 | $\phi 60_{-0.019}^{0}$mm | 超差 0.01mm 扣 1 分;超差 0.01mm 以上无分 | | | |
| | | 2 分 | $\phi 30_{-0.016}^{0}$mm | 超差无分 | | | |
| | | 2 分 | $\phi 28_{-0.013}^{0}$mm | 超差 0.01mm 扣 1 分;超差 0.01mm 以上无分 | | | |
| | | 2 分 | $\phi 24_{-0.236}^{0}$mm | 超差 0.01mm 扣 1 分;超差 0.01mm 以上无分 | | | |
| | | 2 分 | $\phi 22.5_{-0.335}^{-0.285}$mm | 超差无分 | | | |
| | | 1 分 | $\phi 21_{-0.397}^{0}$mm | 超差无分 | | | |
| | | 0.5 分 | 30°、1.5mm | 超差无分 | | | |
| | | 2 分 | 锥度 5°,接触面积大于 70% | 接触面积为 60%~69% 扣 1 分,小于 60% 无分 | | | |
| | | 0.8 分 | $\phi 20$mm、14mm、16mm、20mm | 超差无分 | | | |
| | | 1.5 分 | $(1\pm 0.012)$mm | 超差无分 | | | |
| | | 0.4 分 | C1(2 处) | 超差无分 | | | |
| | | 2.5 分 | $Ra1.6\mu m$(5 处) | 超差无分 | | | |
| | | 1 分 | $Ra3.2\mu m$(5 处) | 超差无分 | | | |
| | 车球头、总长 | 2 分 | $S\phi 56$mm | 超差无分 | | | |
| | | 0.6 分 | $\phi 40$mm、30mm、110mm | 超差无分 | | | |
| | | 1.5 分 | $Ra1.6\mu m$(3 处) | 超差无分 | | | |

(续)

| 零件 | 作业项目 | 配分 | 考核内容 | 评分标准 | 考核记录 | 扣分 | 得分 |
|---|---|---|---|---|---|---|---|
| 薄壁偏心套 | 车外圆、内孔、偏心 | 2分 | $\phi 52_{-0.019}^{0}$ mm | 超差 0.01mm 扣 1 分；超差 0.01mm 以上无分 | | | |
| | | 2分 | $\phi 30_{0}^{+0.021}$ mm | 超差 0.01mm 扣 1 分；超差 0.01mm 以上无分 | | | |
| | | 1分 | (7±0.018)mm | 超差无分 | | | |
| | | 1分 | (1±0.012)mm | 超差无分 | | | |
| | | 1分 | $Ra1.6\mu m$(2处) | 超差无分 | | | |
| | 车外圆、内孔、总长 | 2分 | $\phi 62_{-0.019}^{0}$ mm | 超差 0.01mm 扣 1 分；超差 0.01mm 以上无分 | | | |
| | | 2分 | $\phi 60_{-0.019}^{0}$ mm | 超差 0.01mm 扣 1 分；超差 0.01mm 以上无分 | | | |
| | | 0.5分 | (30±0.05)mm | 超差无分 | | | |
| | | 0.5分 | (40±0.031)mm | 超差无分 | | | |
| | | 1分 | $Ra1.6\mu m$(2处) | 超差无分 | | | |
| 多阶套 | 车外圆、内孔、普通内螺纹、内锥度 | 2分 | $\phi 72_{-0.019}^{0}$ mm | 超差 0.01mm 扣 1 分；超差 0.01mm 以上无分 | | | |
| | | 2分 | $\phi 62_{0}^{+0.030}$ mm | 超差 0.01mm 扣 1 分；超差 0.01mm 以上无分 | | | |
| | | 2分 | $\phi 42_{0}^{+0.025}$ mm | 超差 0.01mm 扣 1 分；超差 0.01mm 以上无分 | | | |
| | | 0.5分 | $\phi 38_{-0.250}^{0}$ mm | 超差无分 | | | |
| | | 2分 | M48×2 | 超差无分 | | | |
| | | 1.5分 | 网纹 m0.3 | 根据网纹清晰度酌情扣分 | | | |
| | | 1.5分 | (7±0.018)mm | 超差无分 | | | |
| | | 2分 | 锥度 5°，接触面积大于 70% | 接触面积为 60%~69% 扣 1 分，小于 60% 无分 | | | |
| | | 1.2分 | $\phi 82$mm、$\phi 50$mm、10mm、20mm、8mm、5mm | 超差无分 | | | |
| | | 3分 | $Ra1.6\mu m$(6处) | 超差无分 | | | |
| | | 2分 | $\phi 78_{-0.019}^{0}$ mm | 超差 0.01mm 扣 1 分；超差 0.01mm 以上无分 | | | |
| | | 2分 | $\phi 70_{-0.019}^{0}$ mm | 超差 0.01mm 扣 1 分；超差 0.01mm 以上无分 | | | |
| | | 2分 | $\phi 62_{0}^{+0.030}$ mm | 超差 0.01mm 扣 1 分；超差 0.01mm 以上无分 | | | |
| | | 2分 | $\phi 52_{0}^{+0.030}$ mm | 超差 0.01mm 扣 1 分；超差 0.01mm 以上无分 | | | |
| | | 0.2分 | 14mm×$\phi 65$mm | 超差无分 | | | |

(续)

| 零件 | 作业项目 | 配分 | 考核内容 | 评分标准 | 考核记录 | 扣分 | 得分 |
|---|---|---|---|---|---|---|---|
| 多阶套 | 车外圆、内孔、总长 | 0.5 分 | (9±0.018)mm | 超差无分 | | | |
| | | 0.4 分 | 11mm、13mm | 超差无分 | | | |
| | | 0.5 分 | $64_{-0.05}^{0}$mm | 超差无分 | | | |
| | | 2.5 分 | $Ra1.6\mu m$(5 处) | 超差无分 | | | |
| 双锥螺套 | 车外圆、外锥度、普通外螺纹、内锥度、梯形内螺纹 | 2 分 | $\phi 62_{-0.019}^{0}$mm | 超差 0.01mm 扣 1 分；超差 0.01mm 以上无分 | | | |
| | | 2 分 | M48×2 | 超差无分 | | | |
| | | 2 分 | 锥度 5°，接触面积大于 70% | 接触面积为 60%~69% 扣 1 分，小于 60% 无分 | | | |
| | | 0.4 分 | $\phi 21_{0}^{+0.315}$mm、$\phi 24$mm | 超差无分 | | | |
| | | 2 分 | $\phi 22.5_{0}^{+0.335}$mm | 超差无分 | | | |
| | | 1.5 分 | 30°、P3mm | 超差无分 | | | |
| | | 2 分 | $\phi 42_{-0.016}^{0}$mm | 超差 0.01mm 扣 1 分；超差 0.01mm 以上无分 | | | |
| | | 2 分 | $\phi 38_{-0.016}^{0}$mm | 超差 0.01mm 扣 1 分；超差 0.01mm 以上无分 | | | |
| | | 1.2 分 | 10mm、8mm、21mm、5mm、16mm、$\phi 28$mm | 超差无分 | | | |
| | | 2.5 分 | $Ra1.6\mu m$(5 处) | 超差无分 | | | |
| | 车外圆、内孔、总长 | 2 分 | $\phi 40_{0}^{+0.025}$mm | 超差 0.01mm 扣 1 分；超差 0.01mm 以上无分 | | | |
| | | 0.8 分 | $\phi 82$mm、13mm、10mm、57mm | 超差无分 | | | |
| | | 1 分 | $Ra1.6\mu m$(2 处) | 超差无分 | | | |
| | 安全文明生产 | | 遵守安全操作规程，正确使用工具、量具，操作现场整洁 | 按达到规定的标准程度评定，一项不符合要求在总分中扣 2.5 分 | | | |
| | | | 安全用电，防火，无人身设备事故 | 因违规操作而引发重大人身设备事故，此卷按 0 分计算 | | | |
| 合计 | | 100 分 | | | | | |

# 操作技能9 加工锥体配合件

1. 考件图样（图 3-18）
2. 准备要求

1) 考件材料为 45 钢，锯断尺寸为 $\phi 50$mm×100mm 一根、$\phi 50$mm×42mm（内孔 $\phi 25$mm）根。

2) 钻孔用切削液。

3) 相关工具、量具、刀具。

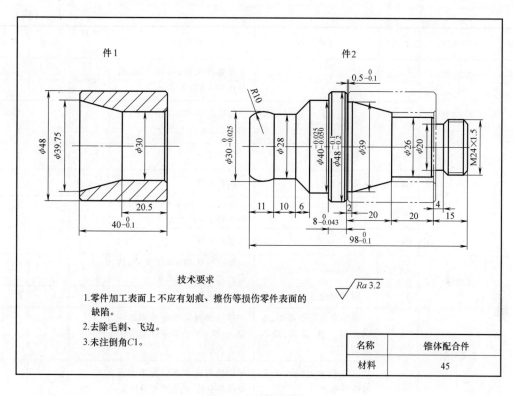

图 3-18 锥体配合件

### 3. 考核内容

（1）考核要求

1）考件的各尺寸精度、几何精度、表面粗糙度达到图样规定要求。

2）不允许使用锉刀、砂布等对考件进行修整加工，允许倒钝锐角。

（2）时间定额 5h（不含考前准备时间）。提前完工不加分，超时间定额 25min 扣 5 分，超 50min 扣 10 分，超 50min 以上未完成则停止考试。

（3）安全文明生产

1）正确执行安全技术操作规程。

2）按企业有关文明生产的规定，做到工作地整洁，工件、工具、量具摆放整齐。

### 4. 配分与评分标准（表 3-9）

表 3-9 加工锥体配合件配分与评分标准

| 序号 | 作业项目 | 配分 | 考核内容 | 评分标准 | 考核记录 | 扣分 | 得分 |
|---|---|---|---|---|---|---|---|
| 1 | 件1 | 8 分 | $Ra3.2\mu m$ | 超差无分 | | | |
| | | 12 分 | $\phi 48mm、\phi 39.75mm、\phi 30mm$ | 超差无分 | | | |
| | | 3 分 | 长度 20.5mm | 超差无分 | | | |
| | | 5 分 | $40_{-0.1}^{0}mm$ | 每超差 0.02mm 扣 2 分；超差 0.04mm 以上无分 | | | |

(续)

| 序号 | 作业项目 | 配分 | 考核内容 | 评分标准 | 考核记录 | 扣分 | 得分 |
|---|---|---|---|---|---|---|---|
| 2 | 件2 | 6分 | $\phi 30_{-0.025}^{0}$ mm | 每超差0.01mm扣2分;超差0.02mm以上无分 | | | |
| | | 9分 | $\phi 40_{-0.050}^{-0.025}$ mm | 每超差0.01mm扣4分;超差0.02mm以上无分 | | | |
| | | 6分 | $\phi 48_{-0.2}^{-0.1}$ mm | 超差无分 | | | |
| | | 12分 | M24×1.5 | 超差无分 | | | |
| | | 6分 | $8_{-0.043}^{0}$ mm | 每超差0.01mm扣2分;超差0.02mm以上无分 | | | |
| | | 6分 | $98_{-0.1}^{0}$ mm | 超差无分 | | | |
| 3 | 组合件 | 15分 | $5_{-0.1}^{0}$ mm | 每超差0.01mm扣3分;超差0.05mm以上无分 | | | |
| | | 12分 | 圆锥面配合 | 超差无分 | | | |
| 4 | 安全文明生产 | | 遵守安全操作规程,正确使用工具、量具,操作现场整洁 | 按达到规定的标准程度评定,一项不符合要求在总分中扣2.5分 | | | |
| | | | 安全用电,防火,无人身设备事故 | 因违规操作而引发重大人身设备事故,此卷按0分计算 | | | |
| | 合计 | 100分 | | | | | |

# 操作技能10 加工螺纹配合件

1. 考件图样(图3-19)
2. 准备要求

1)考件材料为45钢,锯断尺寸为 $\phi 50$mm×100mm 一根、$\phi 50$mm×42mm(内孔 $\phi 25$mm)一根。

2)钻孔、切削液。

3)相关工具、量具、刀具。

3. 考核内容

(1)考核要求

1)考件的各尺寸精度、几何精度、表面粗糙度达到图样规定要求。

2)不允许使用锉刀、砂布等对考件进行修整加工,允许倒钝锐角。

(2)时间定额 5h(不含考前准备时间)。提前完工不加分,超时间定额25min扣5分,超50min扣10分,超50min以上未完成则停止考试。

(3)安全文明生产

1)正确执行安全技术操作规程。

2)按企业有关文明生产的规定,做到工作地整洁,工件、工具、量具摆放整齐。

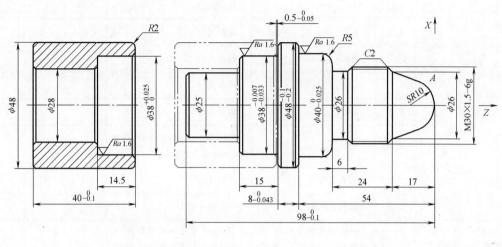

图 3-19 螺纹配合件

## 4. 配分与评分标准（表 3-10）

表 3-10 加工螺纹配合件配分与评分标准

| 序号 | 作业项目 | 配分 | 考核内容 | 评分标准 | 考核记录 | 扣分 | 得分 |
|---|---|---|---|---|---|---|---|
| 1 | 组合件 | 10 分 | $0.5_{-0.05}^{0}$ | 超差无分 | | | |
| | | 10 分 | $0.5_{-0.05}^{0}$ mm | 超差无分 | | | |
| 2 | 件 1 | 4 分 | $40_{-0.1}^{0}$ mm | 每超差 0.02mm 扣 1 分；超差 0.08mm 以上无分 | | | |
| | | 8 分 | $\phi38_{0}^{+0.025}$ mm | 每超差 0.01mm 扣 2 分；超差 0.03mm 以上无分 | | | |
| | | 4 分 | $\phi28$ mm | 超差无分 | | | |
| | | 4 分 | 14.5mm | 超差无分 | | | |
| | | 4 分 | R2 | 超差无分 | | | |
| | | 4 分 | 表面粗糙度（4 处） | 超差无分 | | | |

(续)

| 序号 | 作业项目 | 配分 | 考核内容 | 评分标准 | 考核记录 | 扣分 | 得分 |
|---|---|---|---|---|---|---|---|
| 3 | 件2 | 4分 | $98_{-0.1}^{0}$ mm | 超差无分 | | | |
| | | 8分 | $8_{-0.043}^{0}$ mm | 超差无分 | | | |
| | | 12分 | M30×1.5-6g | 超差无分 | | | |
| | | 5分 | $\phi 48_{-0.2}^{-0.1}$ mm | 超差无分 | | | |
| | | 8分 | $\phi 40_{-0.025}^{0}$ mm | 超差无分 | | | |
| | | 10分 | $\phi 38_{-0.033}^{-0.007}$ mm | 每超差0.01mm扣4分；超差0.02mm以上无分 | | | |
| | | 3分 | 表面粗糙度 | 超差无分 | | | |
| | | 2分 | 倒角去毛刺 | 不合格不得分 | | | |
| 4 | 安全文明生产 | | 遵守安全操作规程，正确使用工具、量具，操作现场整洁 | 按达到规定的标准程度评定，一项不符合要求在总分中扣2.5分 | | | |
| | | | 安全用电，防火，无人身设备事故 | 因违规操作而引发重大人身设备事故，此卷按0分计算 | | | |
| | 合计 | 100分 | | | | | |

# 第四部分

# 模拟试卷样例

## 理论知识考试模拟试卷

**一、判断题**（对的画"√"，错的画"×"；每题0.5分，共20分）

1. 数控车床自动换刀装置应当满足换刀时间短、刀具重复定位精度高、刀具存储量足够以及安全可靠等基本要求。（    ）

2. 在制订机械工艺卡片时，对零件图进行工艺分析的目的是为安排生产过程做准备。（    ）

3. 根据零件的结构形状和技术要求，正确选择零件加工时的定位基准，对选择零件的装夹方法和确定各工序的安排次序都有决定性的影响。（    ）

4. 一个零件的表面可以有几种不同的加工方法，所以在制订工艺路线时，可以任意选择加工方法。（    ）

5. 非圆曲线轮廓拟合数学处理方法中采用直线段拟合时，常见的处理方法有等步距法、等误差法、等程序段法等。（    ）

6. 偏心工件的测量主要包括偏心距的测量和偏心轴线之间平行度误差的测量。（    ）

7. 机床主轴的功用为支承传动零件、传递转矩、承受载荷，以保证装夹在主轴上的工件（或刀具）有一定的回转精度。（    ）

8. 对于加工刚性差且精度高的精密零件，如连杆、曲轴等，在拟定工艺路线时可考虑工序适当集中。（    ）

9. 由于工件的定位基准和设计基准（或工序基准）不重合而产生的误差称为基准不重合误差。（    ）

10. 在用户宏程序中，变量是由符号"#"和其后的变量号码组成的。（    ）

11. 内排屑的特点是可增大刀杆外径，提高刀杆刚性，有利于提高进给量和生产率。（    ）

12. 孔的圆度误差可用内径百分表或内径千分表测量，在测量截面内的各个方向上进行测量，最大值与最小值之差即为单个截面上的圆度误差。（    ）

13. 机床主轴的毛坯一般选用锻件，单件生产时则采用模锻件。（    ）

14. 对于薄壁套类工件，可改轴向夹紧力为径向夹紧力，以减少夹紧变形。（    ）

15. 在制订零件加工工艺路线时，应尽量选择精度高的机床，以确保加工质量。（    ）

16. 若套筒是在装配前进行最终加工，则内孔对外圆的同轴度要求较高。（    ）

17. 对于加工直径较大的套筒，坯料一般选择无缝钢管或带孔的铸件和锻件。（    ）

18. 夹紧机构的制造误差、间隙及磨损，也会造成工件的基准位移误差。（　）

19. 在数控车床上，通过改变螺纹切削初始角来加工多线螺纹。（　）

20. 组合夹具与专用夹具相比，可以缩短生产准备周期和节省人力、物力，但会增加夹具存放的库房面积和保管人员。（　）

21. 喷吸钻的几何形状与交错齿内排屑深孔钻基本相同，所不同的是钻头颈部钻有几个喷射切削液的小孔。（　）

22. 制订零件的加工工艺路线就是确定工件从毛坯投入，由粗、精加工到工件检验合格入库的全部工序。（　）

23. 曲轴的车削或磨削加工，主要是解决如何把主轴颈轴线找正到与车床或磨床主轴的回转轴线重合的问题。（　）

24. 为保证钟面式指示器的灵敏度，可在测量杆上涂适当的润滑油。（　）

25. 车削精密长丝杠，在机械加工各工序间流转时，应将丝杠水平放置，以避免丝杠因为自重而产生弯曲变形。（　）

26. 箱体件是基础工件，所以它的加工质量对整台机器的精度、性能和使用寿命都没有直接的影响。（　）

27. 当箱体件上两平行孔中心线距精度要求较高时，可用测量心棒和外径千分尺配合测量。（　）

28. 用分度盘分头车削多头蜗杆时，分头精度主要取决于分度盘上定位孔的等分精度。（　）

29. 普通机床的长丝杠在粗车后，可直接安排淬火处理，以改变材料的力学性能和消除粗车时产生的内应力。（　）

30. 宏程序数学运算时函数中的括号用于改变运算顺序，函数中的括号允许嵌套使用，但最多只允许嵌套5层。（　）

31. 蜗杆副传动时，一般蜗轮是主动件，蜗杆是从动件，因而可应用于防止倒转的传动装置。（　）

32. 加工单件、小型或偏心距不大的曲轴时，一般直接用圆棒料做坯料，加工中用两顶尖装夹曲轴。（　）

33. 在车床上车削缺圆块状零件时，若所缺圆孔或所缺外圆的轴线与工件的安装基面垂直，应将工件安装在车床花盘的角铁上加工。（　）

34. 杠杆千分尺是由外径千分尺的微分筒部分和杠杆卡规中的指示机构组合而成的一种精密量具。（　）

35. 箱体件在车床上加工的主要是平面和孔，通常加工孔的精度较易保证，而加工平面的精度较难控制。（　）

36. 软件报警显示通常是指数控系统显示器上显示出的报警号和报警信息。（　）

37. 所有量具都应完整无损、部件齐全，经计量部门定期检查，鉴定合格后才能使用。（　）

38. 指示表是一种指示式量仪，可以用来测量工件的形状和位置误差，也可以用绝对法测量工件的尺寸误差。（　）

39. 气动量仪除了能用接触法进行测量外，还可以用非接触法进行测量，所以它不能用

于易变形的薄壁零件的测量。                                    (     )

40. 双管显微镜可以测出 $0.8 \sim 63\mu m$ 的微观不平度，用光切法也可测量 $Ra$、$Rz$ 值。
                                                              (     )

二、**选择题**（将正确答案的序号填入括号内；每题1分，共30分）

1. 为进行科学管理，把规定产品或零件加工工艺流程和操作方法等的工艺文件称为（    ）。
   A. 工艺规程      B. 设计方案      C. 加工流程      D. 装配过程

2. 制订工艺卡片时，毛坯的选择主要包括选择毛坯（    ）、确定毛坯的形状和尺寸。
   A. 型材          B. 冲压          C. 类型          D. 棒料

3. 热处理对改善金属的加工性能、改变材料的（    ）性能和消除内应力起着重要的作用。
   A. 金属          B. 热学          C. 材料学        D. 力学

4. 正确的加工顺序应遵循前道工序为后续工序准备（    ）的原则。
   A. 生产          B. 装配          C. 基准          D. 设计

5. 根据零件的结构形状和技术要求，正确选择零件加工时的（    ）基准，对选择零件的装夹方法和确定各工序的安排次序都有决定性影响。
   A. 测量          B. 设计          C. 装配          D. 定位

6. 制订工艺卡片时，所选择机床的（    ）应与工件的生产类型相适应。
   A. 精度          B. 类型          C. 规格          D. 生产率

7. 车床主轴毛坯锻造后，首先应安排（    ）工序。
   A. 调质          B. 渗碳          C. 正火或退火    D. 淬火

8. 工件以孔定位，套在心轴上车削一个与定位孔有距离要求的表面，影响其加工尺寸精度的基准位移误差计算公式为 $\Delta W = ($    $)$。
   A. $T_h + T_s + X_{\min}$                B. $T_h + T_s + X_{\max}$
   C. $(T_h + T_s + X_{\min})/2$            D. $(T_h + T_s + X_{\max})/2$

9. 轴在90°V形架上的基准位移误差计算公式为 $\Delta W = ($    $)$。
   A. $0.707T_s$    B. $0.578T_s$    C. $0.866T_s$    D. $1.414T_s$

10. 故障排除后，应按（    ）消除软件报警信息显示。
    A. "CAN"键                              B. "RESET"键
    C. "MESSAGE"键                          D. "DELETE"键

11. 工件在夹具中定位时，由于定位元件存在（    ）误差，会使工件在实际定位的位置范围内有所变动。
    A. 设计          B. 工艺          C. 制造          D. 检验

12. 在设计夹具时，夹具的制造公差一般不超过工件公差的（    ）。
    A. 2/3           B. 1/2           C. 1/3           D. 1/10

13. 夹具中的（    ）装置用于保证工件在夹具中定位后的位置在加工过程中不变。
    A. 定位          B. 夹紧          C. 辅助          D. 支承

14. 对于较精密的套筒，其形状公差一般应控制在孔径公差的（    ）以内。

A. 2~3 倍　　　　B. 1/3~1/2　　　C. 1/2~3/2　　　D. 1~2 倍

15. 小批量生产套筒零件时，直径较小（如 $D = 20mm$）套筒的毛坯一般选择（　　）。
A. 无缝钢管　　　　　　　　　B. 带孔铸件或锻件
C. 型材　　　　　　　　　　　D. 热轧或冷拉棒料

16. 车削薄壁零件时应控制主偏角，使进给力和背向力朝向工件（　　）的方向减小。
A. 刚性差　　　　　　　　　　B. 刚性好
C. 与轴线成 45°　　　　　　　D. 与轴线成 60°

17. 在蜗杆传动中，当导程角 $\gamma$（　　）时，蜗杆传动便可以自锁。
A. <6°　　　　B. = 8°~12°　　　C. = 12°~16°　　　D. = 12°~16°

18. （　　）是引起丝杠产生变形的主要因素。
A. 内应力　　　B. 材料塑性　　　C. 自重　　　D. 力矩

19. 当工件因外形或结构等因素而造成装夹不稳定时，可采用增加（　　）的办法来提高工件的装夹稳定性。
A. 定位装置　　　B. 辅助定位　　　C. 工艺支承　　　D. 夹紧元件

20. 蜗杆的齿形为法向直廓，装刀时应把车刀左右切削刃组成的平面旋转一个（　　），即垂直于齿面。
A. 压力角　　　B. 齿形角　　　C. 导程角　　　D. 同位角

21. 机床行程极限不能通过（　　）设置。
A. 机床限位开关　　B. 机床参数　　　C. M 代码　　　D. G 代码

22. 由于曲轴形状复杂、刚性差，车削时容易产生（　　）。
A. 变形和冲击　　　　　　　　B. 弯曲和扭转
C. 弯曲和冲击　　　　　　　　D. 变形和振动

23. 采用偏心夹板装夹曲轴，可以保证各曲轴轴颈都有足够的加工余量和各轴颈间的相互（　　）精度要求。
A. 尺寸　　　B. 形状　　　C. 位置　　　D. 配合

24. 系统在执行当前程序段 N 时，预读处理了 N+1、N+2、N+3 程序段，现发生程序段格式出错报警，这时应重点检查（　　）。
A. 当前程序段 N　　　　　　　　B. 程序段 N 和程序段 N+1
C. 程序段 N+1 和程序段 N+2　　D. 程序段 N+2 和程序段 N+3

25. 由于箱体件的结构形状奇特，铸造内应力较大，一般情况下在（　　）之后应进行一次人工时效处理。
A. 铸造　　　B. 粗加工　　　C. 半精加工　　　D. 精加工

26. 数控系统的硬件报警是通过（　　）显示的。
A. 显示器　　　　　　　　　　B. 报警号及适当文字注释
C. 报警号　　　　　　　　　　D. 警示灯或数码管

27. 组合件的车削不仅要保证组合件中各个零件的加工质量，还需要保证各零件按规定组合装配后的（　　）。
A. 尺寸要求　　　　　　　　　B. 几何要求
C. 技术要求　　　　　　　　　D. 装配要求

28. （　　）是带有精密杠杆齿轮传动机构的指标式千分量具。
A. 杠杆卡规　　　B. 圆度仪　　　C. 测力仪　　　D. 水平仪

29. 当杠杆指示计测量杆的轴线与被测工件表面的夹角 α>15°时，应对测量结果应进行修正，修正计算公式为 α=（　　）。
A. $b\tan\alpha$　　　B. $b\sin\alpha$　　　C. $b\cos\alpha$　　　D. $b\sec\alpha$

30. 双管显微镜利用"光切原理"测量工件的（　　）。
A. 形状精度　　　B. 位置精度　　　C. 表面粗糙度　　　D. 尺寸精度

## 三、计算题（每题10分，共30分）

1. 用三针测量 Tr30×6 梯形螺纹，测得千分尺的示值 $M=30.8$mm，求：被测螺纹中径为多少？（量针直径 $d_D=0.518P$）

2. 图 4-1 所示双孔连杆的厚度尺寸（45±0.04）mm 及孔 $\phi 42^{+0.025}_{0}$mm 已加工至要求，以孔定位在花盘定位轴上车削 $\phi 40^{+0.025}_{0}$mm 孔，定位轴直径 $d=42^{-0.009}_{-0.034}$mm，测得定位轴轴线对主轴轴线在中心距方向上的偏移量为 0.01mm。试计算基准位移误差，并分析其定位能否保证工件两孔中心距的要求。

3. 如图 4-2 所示，在一轴颈上套一轴套，加垫圈后用螺母紧固。求轴套在轴颈上的轴向间隙。

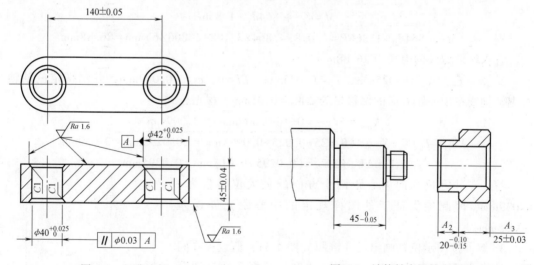

图 4-1　双孔连杆　　　　　　　图 4-2　计算轴套间轴向间隙

## 四、问答题（每题5分，共20分）

1. 正确的加工顺序应遵循前道工序为后道工序准备基准的原则，具体有哪几方面要求？
2. 车床夹具的使用要求有哪些？
3. 车削多线螺纹时要注意哪些主要问题？
4. 宏程序中变量的种类有哪些？

# 理论知识考试模拟试卷参考答案

## 一、判断题

1. √  2. ×  3. √  4. ×  5. √  6. √  7. √  8. ×  9. √  10. √
11. √  12. ×  13. ×  14. ×  15. ×  16. √  17. √  18. √  19. √  20. ×
21. √  22. ×  23. √  24. ×  25. √  26. ×  27. √  28. √  29. ×  30. √
31. ×  32. √  33. √  34. √  35. √  36. √  37. √  38. ×  39. ×  40. √

## 二、选择题

1. A  2. C  3. D  4. C  5. D  6. C  7. C  8. A  9. A  10. B
11. C  12. C  13. B  14. B  15. D  16. A  17. A  18. A  19. C  20. C
21. C  22. D  23. C  24. D  25. A  26. D  27. C  28. A  29. C  30. C

## 三、计算题

1. 解：已知 $P=6$mm，$M=30.8$mm。根据公式
$$d_D = 0.518P = 0.518 \times 6\text{mm} = 3.108\text{mm}$$
$$M = d_2 + 4.864 d_D - 1.866P$$
则 $d_2 = M - 4.864 d_D + 1.866P = (30.8 - 4.864 \times 3.108 + 1.866 \times 6)\text{mm} = 26.88\text{mm}$

答：梯形螺纹的中径为 26.88mm。

2. 解：已知 $T_h = 0.025$mm，$T_s = 0.025$mm，$EI = 0$，$es = -0.009$mm，并测得定位轴轴线对主轴轴线在中心距方向的偏移量为 $\Delta W_2 = 0.01$mm。根据公式
$$X_{min} = EI - es = 0 - (-0.009\text{mm}) = 0.009\text{mm}$$
$$\Delta W_1 = T_h + T_s + X_{min} = (0.025 + 0.025 + 0.009)\text{mm} = \pm 0.0295\text{mm} = 0.059\text{mm}$$
$$\Delta W = \Delta W_1 + \Delta W_2 = (0.0295 + 0.01)\text{mm} = 0.0395\text{mm}$$

答：工件定位孔向中心距两个方向的最大位移量为 ±0.039mm，因此能保证工件图样规定的中心距允许误差 ±0.05mm。

3. 解：按图示位置画出尺寸链图（图4-3），假设存在间隙，故将 $A_1$ 尺寸画得长于 $A_2$ 与 $A_3$ 之和。根据尺寸链图分析，因间隙是由工件的有关尺寸控制的，故属封闭环，$A_1$ 为增环，$A_2$、$A_3$ 为减环。根据公式

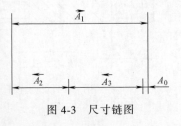

图4-3 尺寸链图

$$A_{0max} = A_{1max} - A_{2min} - A_{3min} = [45 - (20 - 0.15) - (25 - 0.03)]\text{mm} = 0.18\text{mm}$$
$$A_{0min} = A_{1min} - A_{2max} - A_{3max} = [(45 - 0.05) - (20 - 0.10) - (25 + 0.03)]\text{mm} = 0.02\text{mm}$$

答：最大间隙为 0.18mm，最小间隙为 0.02mm。

## 四、问答题

1. 答：即先用粗基准加工精基准，再用精基准加工其他表面，具体如下：

1）先粗车后精车（先粗后精）。
2）先主要表面后次要表面（先主后次）。
3）先考虑基面（基面优先）。
4）先外表面后内表面（先面后孔）。

同时，在安排加工顺序时，要注意退刀槽、倒圆及倒角等工步的安排。

2. 答：使用车床夹具时应注意以下几点要求：
1）检查夹具定位基准与设计基准或测量基准是否重合。
2）夹紧力要与支承件对应。
3）薄壁工件尽量不采用径向夹紧的方法，而应使用轴向夹紧的方法。
4）可采用增加工艺撑头的办法来增加工件的装夹刚性。

3. 答：车削多线螺纹时要注意以下几点：
1）分线方法要正确。分线方法或分线操作不正确将产生分线误差，造成所车削多线螺纹的螺距误差，严重影响内、外螺纹的旋合精度，降低其使用寿命。
2）根据导程选择交换齿轮，正确调整车床的手柄位置。
3）多线螺纹的导程比较大，其螺纹升角要根据导程计算，应特别注意导程对刀具两切削刃后角的影响，在刃磨时须加以注意。
4）精车多线螺纹时，要在所有螺旋槽都粗车完成后再进行精车，这样可保持螺纹牙型的一致性。

4. 答：宏程序中的变量有空变量、局部变量、公共变量和系统变量四种。

# 操作技能考核模拟试卷

# 车十字孔蜗杆轴

1. 考件图样（图4-4）
2. 准备要求
1）考件材料为45热轧圆钢，锯断尺寸为 $\phi60mm×150mm$ 一根。
2）车削蜗杆用切削液。
3）装夹用垫块。
4）装夹精度较高的单动卡盘。
5）相关工具、量具、刀具。
3. 考核内容
（1）考核要求
1）考件的各尺寸精度、几何精度、表面粗糙度达到图样规定要求。
2）不准使用磨石、砂布等辅助打光考件加工表面。
3）不准使用专用偏心工具，但允许使用在考场内自制的偏心夹套（车制偏心夹套时间包含在考核时间定额内）。
4）未注公差尺寸按IT14公差等级加工。

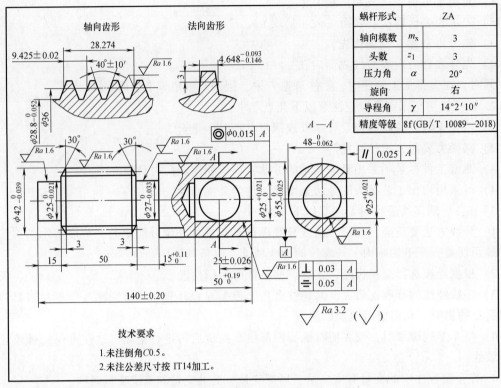

图 4-4 十字孔蜗杆轴

5) 考件与图样严重不符的扣去该考件的全部配分。

(2) 时间定额 6h(不含考前准备时间)。提前完工不加分,超时间定额 20min 扣 5 分,超 40min 扣 10 分,超 40min 以上未完成则停止考试。

(3) 安全文明生产

1) 正确执行安全技术操作规程。

2) 按企业有关文明生产的规定,做到工作地整洁,工件、工具、量具摆放整齐。

4. 配分与评分标准(见表 4-1)

表 4-1 车十字孔蜗杆轴配分与评分标准

| 序号 | 作业项目 | 配分 | 考核内容 | 评分标准 | 考核记录 | 扣分 | 得分 |
|---|---|---|---|---|---|---|---|
| 1 | 车蜗杆 | 5 分 | $\phi 42_{-0.039}^{0}$ mm | 超差 0.01mm 扣 2 分,超差 0.01mm 以上无分 | | | |
| | | 5 分 | $(9.425\pm0.02)$ mm | 超差无分 | | | |
| | | 6 分 | $4.648_{-0.146}^{-0.093}$ mm | 超差无分 | | | |
| | | 2 分 | $40°\pm10'$ | 超差无分 | | | |
| | | 1 分 | $\phi 36$ mm | 超差无分 | | | |
| | | 4 分 | $\phi 28.8_{-0.052}^{0}$ mm | 超差无分 | | | |
| | | 2 分 | $z_1=3$、右旋 | 超差无分 | | | |
| | | 4 分 | $Ra1.6\mu m$(四处) | 超差无分 | | | |
| | | 2 分 | 倒角 30° | 超差无分 | | | |

(续)

| 序号 | 作业项目 | 配分 | 考核内容 | 评分标准 | 考核记录 | 扣分 | 得分 |
|---|---|---|---|---|---|---|---|
| 2 | 车外圆、内孔 | 12分 | 孔 $\phi 25^{+0.021}_{0}$ mm（两处） | 超差0.01mm扣2分,超差0.01mm以上无分 | | | |
| | | 3分 | $\phi 27^{0}_{-0.033}$ mm | 超差无分 | | | |
| | | 3分 | $\phi 55^{0}_{-0.025}$ mm | 超差0.01mm扣2分,超差0.01mm以上无分 | | | |
| | | 5分 | $\phi 25^{0}_{-0.021}$ mm | 超差0.01mm扣2分,超差0.01mm以上无分 | | | |
| | | 5分 | $(25\pm 0.026)$ mm | 超差无分 | | | |
| | | 1分 | $15^{+0.11}_{0}$ mm | 超差无分 | | | |
| | | 1分 | $50^{+0.19}_{0}$ mm | 超差无分 | | | |
| | | 2分 | $\phi 48^{0}_{-0.062}$ mm | 超差无分 | | | |
| | | 6分 | 垂直度公差 0.03mm | 超差无分 | | | |
| | | 6分 | 对称度公差 0.05mm | 超差无分 | | | |
| | | 6分 | 同轴度公差 $\phi 0.015$mm | 超差无分 | | | |
| | | 6分 | 平行度公差 0.025mm | 超差无分 | | | |
| | | 5分 | $Ra1.6\mu m$（五处） | 超差无分 | | | |
| | | 1分 | $Ra3.2\mu m$（两处） | 超差无分 | | | |
| | | 1分 | 锐边去毛刺 | 超差无分 | | | |
| | | 1分 | 15mm、50mm | 超差无分 | | | |
| 3 | 车总长 | 3分 | $(140\pm 0.20)$ mm | 超差无分 | | | |
| | | 2分 | $Ra3.2\mu m$（两处） | 超差无分 | | | |
| 4 | 安全文明生产 | | 遵守安全操作规程,正确使用工具、量具,操作现场整洁 | 按达到规定的标准程度评定,一项不符合要求在总分中扣2.5分 | | | |
| | | | 安全用电、防火、无人身设备事故 | 因违规操作而引发重大人身设备事故,此卷按0分计算 | | | |
| 合计 | | 100分 | | | | | |

# 车工（技师、高级技师）

# 第五部分 考核重点和试卷结构

## 一、考核重点

根据新的《国家职业技能标准 车工》,车工技师和高级技师考核的主要内容包括精密主轴、偏心件和曲轴的加工,复杂套类工件的加工,螺纹及蜗杆的加工,复杂形体零件的加工,切削刀具,车床精度检验,车床故障分析和排除,车床扩大使用,车削加工精度分析,数控技术等。理论知识和技能要求权重如下:

车工技师(二级)、高级技师(一级)理论知识权重

| 项目 | | 技师(二级)权重 | | 高级技师(一级)权重 | |
|---|---|---|---|---|---|
| | | 普通车工 | 数控车工 | 普通车工 | 数控车工 |
| 基本要求 | 职业道德 | 5 | 5 | 5 | 5 |
| | 基础知识 | 10 | 15 | 15 | 20 |
| 相关知识要求 | 轴类工件加工 | 15 | 10 | — | — |
| | 套类工件加工 | 10 | 10 | — | — |
| | 特形面加工 | — | — | 25 | 25 |
| | 螺纹加工 | 15 | 15 | — | — |
| | 偏心工件及曲轴加工 | 15 | 15 | — | — |
| | 畸形工件加工 | 15 | 10 | — | — |
| | 难加工材料加工 | — | — | 30 | 25 |
| | 设备维护与保养 | 5 | 10 | 10 | 10 |
| | 培训指导 | 5 | 5 | 10 | 10 |
| | 技术管理 | 5 | 5 | 5 | 5 |
| 合计 | | 100 | 100 | 100 | 100 |

车工技师(二级)、高级技师(一级)技能要求权重

| 项目 | | 技师(二级)权重 | | 高级技师(一级)权重 | |
|---|---|---|---|---|---|
| | | 普通车工 | 数控车工 | 普通车工 | 数控车工 |
| 技能要求 | 轴类工件加工 | 20 | 15 | — | — |
| | 套类工件加工 | 15 | 15 | — | — |
| | 特形面加工 | | | 35 | 35 |

(续)

| 项 目 | | 技师(二级)权重 | | 高级技师(一级)权重 | |
|---|---|---|---|---|---|
| | | 普通车工 | 数控车工 | 普通车工 | 数控车工 |
| 技能要求 | 螺纹加工 | 15 | 15 | — | — |
| | 偏心工件及曲轴加工 | 15 | 15 | — | — |
| | 畸形工件加工 | 20 | 20 | — | — |
| | 难加工材料加工 | — | — | 35 | 35 |
| | 设备维护与保养 | 5 | 10 | 15 | 15 |
| | 培训指导 | 5 | 5 | 10 | 10 |
| | 技术管理 | 5 | 5 | 5 | 5 |
| | 合计 | 100 | 100 | 100 | 100 |

## 二、试卷结构

车工技师（二级）、高级技师（一级）的鉴定方式分为理论知识考试和操作技能考核，其中理论知识考试时间不少于 90min，试卷题型由判断题、选择题、计算题、简答题组成。试题的编写立足于对基础知识和基本操作技能的检验，改变了以往单纯对概念进行考查的局限性，注意将理论知识和实际操作相联系，注重加工工艺分析，考查学员对知识的理解和应用能力，题目灵活、难度适中、覆盖面广，题目较以前有所增加，有较大的实用性，能够较全面地考查学员的综合素质。车工技师（二级）操作技能考核时间不少于 420min，高级技师（一级）不少于 420min，具体时间、评分标准依图样而定，要求在规定时间内独立完成工件的加工。综合评审时间不少于 30min。

## 三、考试技巧

车工技师和高级技师的理论知识考试中包含很多专业理论课程的内容，而《车工（技师、高级技师）》教材中由于版面的限制无法一一叙述，需要学员学习其他课程。理论知识题目与生产实践实际操作相结合，学员要在多理解后再解题，并应联系实际完成各种习题。操作技能考核时要认真阅读图样，分析工艺，设计夹具完成考件加工，根据评分标准合理完成整个操作技能考核。

## 四、注意事项

本题库面广量大，题库中的很多题目具有一定的灵活性，考生在答题前应认真阅读试卷，填写考试必需的相应信息并仔细核对。在答题过程中，应认真阅读每一道题目，按先易后难的原则做题，分值高的题目优先，不会做的或答不全的题目放在后面做，没有掌握的知识出现在判断题或选择题中时必须完成答题，在考试过程中保持良好的心态。

## 五、复习策略

对于理论知识考试，应该认真阅读教材，理解教材中的各项理论知识，学习时做到理论与实际相结合，有些理论题目也要与实际操作相结合，这样更有利于对习题的掌握。为了获得好的复习效果，应以教材为中心，强化基础知识和基本技能的学习，弄清楚重点和难点，这样才能收到事半功倍的效果。复习时要有针对性，做到有的放矢、注重实效，切忌贪多求全。复习时要学会整合知识点，对需要学习的知识进行分类以便于记忆。同时要把理论学习与实际操作结合起来更能促进理解，加深记忆。

# 第六部分 理论知识考核指导

## 理论知识模块1　轴类工件加工

### 一、考核范围（图6-1）

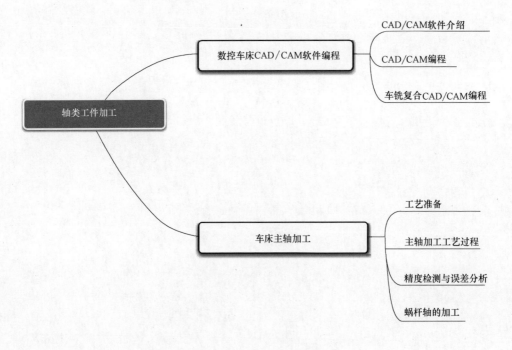

图6-1　考核范围

### 二、考核要点详解（表6-1）

表6-1　考核要点

| 序号 | 考 核 要 点 |
| --- | --- |
| 1 | 轴类工件的技术要求及达到技术要求的方法 |
| 2 | 轴类工件加工中基准的选择 |
| 3 | 轴类工件加工的装夹方法 |

(续)

| 序号 | 考 核 要 点 |
|---|---|
| 4 | 热处理工艺安排 |
| 5 | 制订加工工艺过程 |
| 6 | 主轴精度检测 |
| 7 | 误差原因分析 |
| 8 | CAD/CAM 编程方法 |
| 9* | 车铣复合 CAD/CAM 编程方法 |

### 三、练习题

**(一) 判断题**（对的画"√"，错的画"×"）

1. 按结构形状特点，曲轴、凸轮轴和偏心轴等属于异形轴。（　　）
2. 机床主轴一般为精密主轴，除了有较高的综合力学性能之外，还需要有较高的疲劳强度，以保证装配在主轴上的工件在切削时具有一定的回转精度。（　　）
3. 主轴的加工精度主要包括结构要素的尺寸精度，而不包括几何形状精度和位置精度。（　　）
4. 机床主轴的几何形状误差直接影响与主轴相配合的零件接触质量和回转精度。（　　）
5. 高精度机床主轴的位置精度，如配合轴颈对支承轴颈的径向圆跳动一般为 0.01~0.03mm。（　　）
6. 机床主轴主要工作表面的表面粗糙度是根据主轴运转速度和尺寸公差等级决定的，一般情况下，支承轴颈的表面粗糙度值为 $Ra3.2~6.3\mu m$。（　　）
7. 因为主轴的定位基准最常用的是两端中心孔，所以各回转表面的几何精度与中心孔的定位精度有关。（　　）
8. 合理选用主轴材料和规定相应热处理要求，是改善主轴的切削加工性能，提高其综合力学性能和使用寿命的重要途径。（　　）
9. 精密机床主轴毛坯选用锻件的主要目的，是节约材料和减少机械加工的劳动量。（　　）
10. 机床主轴的预备热处理通常采用调质或正火，且安排在粗加工之后进行。（　　）
11. 机床主轴的最终热处理，一般情况下安排在半精车或精车前，其目的是提高主轴的表面硬度。（　　）
12. 为稳定主轴的金相组织而提高主轴的尺寸稳定性，使其长期保持精度，对一般的轴类工件也应做定性处理。（　　）
13. 主轴粗加工阶段的目的是把毛坯加工到使工件的形状和尺寸接近图样要求，为半精加工找出定位基准。（　　）
14. 一般精度的主轴以精磨为最终工序。（　　）
15. CA6140 型车床主轴图样上标注有 M115×1.5-5g6g，其中 6g 是螺纹中径公差带代号。（　　）

16. CA6140 型车床主轴两端 $C=1:12$ 的支承轴颈对定位基准的径向圆跳动误差,将使主轴装配后产生圆度误差。（    ）

17. 主轴两端中心孔与顶尖接触不良会影响工艺系统刚度,但不会造成加工误差。（    ）

18. CA6140 型车床主轴前端锥孔为莫氏 6 号锥孔,它是莫氏圆锥号数中最大的。（    ）

19. 莫氏圆锥是从英制换算来的,当号数不相同时,它的尺寸都不同,但锥度是固定不变的。（    ）

20. 若测得主轴两端支承轴颈对定位基准轴线的径向圆跳动方向相同,则是很不利的,说明两轴线的同轴度误差为 $e=e_A+e_B$。（    ）

21. 检查主轴的莫氏锥孔对两端支承轴颈轴线的径向圆跳动时,一次检测后,需拔出心轴,相对转动 90°,再重新插入莫氏锥孔中检测,目的是消除心轴误差的影响。（    ）

22. 车削曲轴的主轴颈时,为了提高曲轴刚性,可搭一个中心架。（    ）

23. 车削曲轴前,应进行平衡,以保证各轴颈的圆度。（    ）

24. 车削细长轴时,因为工件长,热变形伸长量大,所以一定要考虑热变形的影响。（    ）

25. CAD/CAM 软件解决方案,一般都具备产品开发的集成性、相关性、并行协作等技术特点。（    ）

26. Mastercam 可产生 NC 程序,但其本身不具备 CAD 功能,不可直接在系统上制图并转换成 NC 加工程序。（    ）

27. Mastercam 能预先依据使用者定义的刀具、进给率、转速等,模拟刀具路径和计算加工时间,也可从 NC 加工程序（NC 代码）转换成刀具路径图。（    ）

28. Mastercam 系统设有刀具库及材料库,能根据被加工工件材料及刀具规格尺寸自动确定进给率、转速等加工参数。（    ）

29. 系统界面主功能表中的 T 刀具路径是指用轮廓、型腔和孔等指令产生 NC 刀具路径。（    ）

30. 系统界面主功能表中的限定层是指定使用的图层、关掉指定的图层的使用权。（    ）

31. SolidCAM 支持铣削、钻削、镗削和内螺纹加工,不支持车削加工。（    ）

(二) 选择题（将正确答案的序号填入括号内）

1. 若轴的长度和直径之比 $L/d \geq 12$,则称其为（    ）轴。
   A. 刚性    B. 一般    C. 挠性    D. 强度

2. 机床主轴一般为精密主轴,它的功用为支承传动件、传递转矩,除承受交变弯曲应力和扭转应力外,还受（    ）作用。
   A. 冲击载荷    B. 高速运转    C. 切削力    D. 切削抗力

3. 一般情况下,对机床主轴的直径尺寸规定有严格的公差要求,如装齿轮和装轴承的轴颈的公差等级通常为（    ）。
   A. IT7～IT9    B. IT5～IT7    C. IT9～IT11    D. IT3～IT5

4. 机床主轴坯料锻造后，首先安排热处理工序（　　）对毛坯进行热处理。
   A. 调质或正火　B. 正火或退火　C. 时效或退火　D. 渗碳或渗氮
5. 精度要求较高、工序较多的机床主轴的两端定位中心孔应选用（　　）型。
   A. A　　　　　B. B　　　　　C. C　　　　　D. R
6. 中心孔在各工序中（　　）。
   A. 能重复使用　　　　　　　　B. 不能重复使用
   C. 定位精度会发生很大的变化　D. 没有要求
7. 粗加工机床主轴时，为提高工件的装夹刚度，一般将（　　）作为定位基准。
   A. 两端中心孔　　　　　　　　B. 外圆表面与端面
   C. 外圆表面与中心孔　　　　　D. 外圆端面与中心架
8. 主轴的最终热处理工序一般安排在（　　）前进行。
   A. 粗加工　　　　　　　　　　B. 半精加工
   C. 磨削加工　　　　　　　　　D. 超精加工
9. 对于精度要求很高的机床主轴，在粗磨工序之后还需要进行（　　）处理，目的是消除淬火应力或加工应力、稳定金相组织，以提高主轴尺寸的稳定性。
   A. 回火　　　　B. 定性　　　　C. 调质　　　　D. 渗碳
10. 车床主轴前端锥孔采用莫氏锥孔，是因为莫氏工具圆锥在（　　）通用。
    A. 企业内　　　B. 行业内　　　C. 国内　　　　D. 国际上
11. 莫氏圆锥按规格分为（　　）个号码。
    A. 5　　　　　B. 6　　　　　C. 7　　　　　D. 8
12. 车削车床主轴前端莫氏6号锥孔时，若刀尖装得未对准工件回转轴线，则车削后的圆锥面会产生（　　）误差。
    A. 双曲线　　　B. 圆度　　　　C. 尺寸　　　　D. 表面粗糙度
13. 用圆锥量规涂色法检查CA6140型车床主轴两端支承轴颈 $C=1:12$ 锥度时，在工件表面用显示剂顺着圆锥素线均匀地涂上（　　）条线，要求涂色薄而均匀。
    A. 一　　　　　B. 二　　　　　C. 三　　　　　D. 四
14. 某磨床主轴的技术要求除螺纹和花键外，热处理渗碳深度为0.25～0.4mm，渗碳后要求硬度大于80S（　　）。
    A. HRC　　　　B. HBW　　　　C. HV　　　　　D. HRB
15. 一夹一顶车削细长工件时，尾座顶尖顶力过大会使工件轴线产生（　　）误差。
    A. 圆度　　　　B. 圆柱度　　　C. 直线度　　　D. 平行度
16. （　　）时效处理是利用气温的自然变化，经过多次热胀冷缩，使工件金属内部不平衡的金相组织产生微观滑移而趋于平衡，从而达到减小或消除残余应力的目的。
    A. 自然　　　　B. 人工　　　　C. 振动　　　　D. 加热
17. 加工细长轴时，为减小背向力，应取（　　）的主偏角。
    A. 较小　　　　B. 较大　　　　C. 无法确定　　D. 任意
18. 长度与直径比不是很大、加工余量较小、需多次安装的细长轴应采用（　　）装夹方法。
    A. 两顶尖　　　B. 一夹一顶　　C. 中心架　　　D. 跟刀架

(三) 计算题

1. 用正弦规测量图6-2所示锥度$C=0.368:1$，正弦规的两圆柱中心距$L$为100mm，试计算量块组所垫高度$h$。

2. 车削直径$d=30$mm、长度$L=1500$mm、材料为45钢的细长轴，因受切削热的影响，工件温度由原来的21℃上升到61℃，求这根细长轴的热变形伸长量为多少？（提示：材料线胀系数$\alpha_1=11.59\times10^{-6}$/℃）

(四) 简答题

1. 轴类工件的主要技术要求有哪几方面？
2. 热处理工序是精密主轴加工中的重要工序，它包括哪三方面？
3. 试述渗碳主轴的加工工艺路线。
4. 试述一般主轴和氮化主轴的加工工艺路线。
5. 为什么要对车床主轴的前端短锥提出较高的尺寸与位置精度要求？
6. 如何检测车床主轴莫氏锥孔对两端支承轴颈轴线的径向圆跳动误差？
7. 加工过程中增加曲轴刚性的方法有哪些？

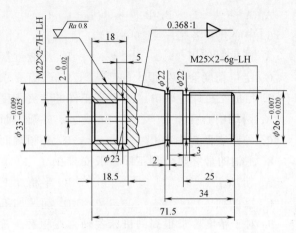

图6-2 圆锥体

四、参考答案及解析

(一) 判断题

1. √  2. √  3. ×  4. √  5. ×  6. ×  7. √  8. √  9. √  10. √
11. ×  12. ×  13. √  14. √  15. ×  16. ×  17. ×  18. √  19. ×  20. √
21. √  22. ×  23. √  24. √  25. √  26. ×  27. √  28. √  29. √  30. ×
31. ×

(二) 选择题

1. C  2. A  3. B  4. B  5. B  6. A  7. C  8. C  9. B  10. D  11. C  12. A
13. C  14. C  15. C  16. A  17. B  18. A

(三) 计算题

1. 解：已知$C=0.368:1$，$L=100$mm。根据公式

$$\tan\frac{\alpha}{2}=\frac{C}{2}=\frac{0.368}{2}=0.184；\frac{\alpha}{2}=10°25'33''；\alpha=20°51'06''$$

$h=L\sin\alpha=100\text{mm}\times\sin20°51'06''=35.6\text{mm}$

答：量块组所垫高度$h=35.6$mm。

2. 解：已知$L=1500$mm，$\alpha_1=11.59\times10^{-6}$/℃，$t=21$℃，$t'=61$℃，则

$$\Delta t=t'-t=61℃-21℃=40℃$$

根据热变形伸长量计算公式

$$\Delta L = \alpha_1 L \Delta t = 11.59 \times 10^{-6}/\text{℃} \times 1500\text{mm} \times 40\text{℃} = 0.695\text{mm}$$

答：轴的热变形伸长量 $\Delta L = 0.695\text{mm}$。

(四) 简答题

1. 答：主要技术要求有：

(1) 加工精度 轴的加工精度主要包括结构要素的尺寸精度、几何形状精度和位置精度。

(2) 表面粗糙度 主轴主要工作表面的表面粗糙度。

(3) 其他要求 合理选用材料和规定的相应热处理要求。

2. 答：精密主轴加工的热处理工序包括毛坯热处理、预备热处理和最终热处理。

3. 答：渗碳主轴的加工工艺路线为下料→锻造→正火→粗加工→半精加工→渗碳→退碳加工（去除不要求硬度表面的渗碳层）→淬火和回火→车螺纹或钻孔、铣槽等→粗磨→时效→半精磨→时效→精磨。

4. 答：一般主轴的加工工艺路线为下料→锻造→退火（或正火）→粗加工→调质→半精加工→淬火→粗磨→低温时效→精磨。

氮化主轴的加工工艺路线一般为下料→锻造→退火→粗加工→调质→切试样件（金相组织检查，合格后才能转入下道工序）→半精加工→低温时效（去除应力）→粗磨→低温时效（去除应力）→研磨中心孔→半精磨→磁力探伤→氮化处理→研磨中心孔→精磨→超精磨。

5. 答：对前端短锥提出较高的尺寸与位置精度要求，是为了保证安装卡盘时能够很好地定位，只要该短圆锥面与支承轴颈同轴，而端面又与回转中心垂直，就能提高卡盘的定心精度。

6. 答：基准轴线由 V 形架模拟支承，把车床主轴置于测量平板上的等高 V 形架内，轴向定位。用测微仪检测，在主轴回转一周过程中，即可得单个测量截面上的径向圆跳动误差，测微仪读数的最大差值应不大于规定值。按上述方法测量若干截面，各截面上测得的跳动量中的最大值应不大于规定值。注意：该测量方法受到 V 形架角度和基准实际要素几何形状误差的综合影响。

7. 答：(1) 装支承螺钉或凸缘压板 在不加工的曲柄颈和主轴之间装上几只支承螺钉或几块凸缘压板，来增加曲轴刚性。

(2) 使用中心架 车削主轴颈时，可在不加工的主轴颈上搭中心架来增加曲轴刚度。

(3) 使用中心架偏心套 车削曲柄颈及扇形板开档时，可将中心架偏心套装在主轴颈上来增加曲轴刚性。

# 理论知识模块2 套类工件加工

## 一、考核范围（图 6-3）

## 二、考核要点详解（表 6-2）

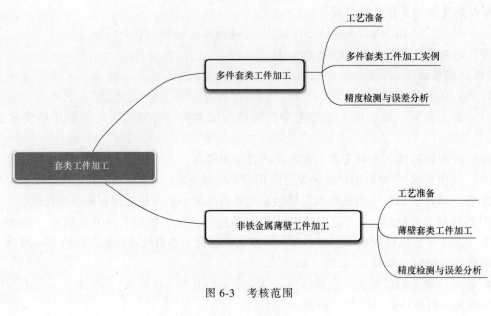

图 6-3 考核范围

表 6-2 考核要点

| 序号 | 考核要点 |
|---|---|
| 1 | 复杂套类工件工艺分析 |
| 2 | 复杂套类工件加工 |
| 3 | 复杂套类工件加工时的安装方法 |
| 4 | 复杂套类工件精度检测 |
| 5 | 误差原因分析 |
| 6 | 非铁金属的加工性能 |
| 7 | 非铁金属薄壁套的加工 |

## 三、练习题

（一）判断题（对的画"√"，错的画"×"）

1. 多件套是由两个或两个以上车制零件相互配合所组成的组件。（　）
2. 加工多件套时，根据装配关系的顺序依次车削各个工件，基准工件应最后车削。（　）
3. 车削孔与轴的配合时，在一般情况下，应将内孔作为基准件首先进行加工，这是因为孔的加工难度大于外圆柱面。（　）
4. 在加工多件套时，尺寸链的计算是重要环节。（　）
5. 车削多件套上内、外螺纹的配合时，一般以内螺纹为基准工件首先加工，然后加工外螺纹，这是由于外螺纹便于测量。（　）
6. 车削多件套上内、外圆锥的配合时，以外圆锥为基准工件首先加工，然后加工内圆锥，使用涂色法检查其接触面。（　）
7. 加工套类工件，在装夹时应使夹紧力的作用点在零件刚性较好的部位。（　）

8. 多件套的螺纹配合，对于中径尺寸，外螺纹应控制在上极限尺寸范围内，内螺纹则应控制在下极限尺寸范围内，以使配合间隙尽量大些。（　　）
9. 长度较短、直径较小的薄壁工件可一次装夹车削。（　　）
10. 深孔钻削的主要关键技术有深孔钻的几何形状和冷却排屑问题。（　　）
11. 深孔钻削过程中，钻头加工一定深度后会自动退出工件，以排出切屑，并进行冷却润滑。然后重新加工进给，以保证孔的加工质量。（　　）

（二）**选择题**（将正确答案的序号填入括号内）
1. 对较大面积的薄壁工件应合理（　　），以提高工件刚度。
   A. 增加壁厚　　B. 增加孔径与孔深之比
   C. 设置加强肋　　D. 减小壁厚
2. 工件的机械加工质量包括加工精度和（　　）两个方面。
   A. 表面质量　　B. 表面粗糙度　　C. 几何精度　　D. 尺寸精度
3. 工件车削后的实际几何参数与理想几何参数的偏离程度称为（　　）误差。
   A. 定位　　B. 基准位移　　C. 加工　　D. 设计
4. 由于采用（　　）的加工方法而产生的误差称为原理误差。
   A. 定位　　B. 近似　　C. 一次装夹　　D. 多次装夹
5. 基准位移误差与基准不符误差构成了工件的（　　）误差。
   A. 装夹　　B. 定位　　C. 夹紧　　D. 加工
6. 装夹加工薄弱工件时，在夹紧力的作用下会产生很大的（　　）变形。
   A. 塑性　　B. 弹性　　C. 永久　　D. 固定
7. 深孔加工的切削液，可用极压切削液或高浓度的极压乳化液，当孔很小时，应选黏度（　　）的切削液。
   A. 大　　B. 小　　C. 中等　　D. 都可以
8. 垂直孔系是指垂直相交或垂直交叉的孔，它的加工要求是保证两轴线的垂直度和（　　）。
   A. 孔的坐标位置　　B. 孔的表面粗糙度　　C. 孔的圆柱度　　D. 孔的倾斜度

（三）**计算题**
1. 车削 CA6140 型车床主轴前端的莫氏 6 号圆锥孔，工艺规定圆锥孔大端直径 $\phi63.348$mm 车至 $\phi62.6^{+0.1}_{0}$mm 后磨削，此时，若用标准圆锥量规测量，则量规刻线中心与工件端面的距离是多少？（提示：莫氏 6 号锥度 $C = 1 : 19.180 = 0.05214$）
2. 图6-4 所示的偏心薄壁套，尺寸 $35^{0}_{-0.05}$mm 是两孔内壁的长度，车削时，直接测量该尺寸较困难，现已测得总长尺寸为 100.04mm，$\phi42^{+0.025}_{0}$mm 孔的深度尺寸为 40.12mm，所以只能通过车削 $\phi38^{+0.025}_{0}$mm 孔时控制其长度尺寸来保证尺寸 $35^{0}_{-0.05}$mm。问该尺寸为多少时，才能保证尺寸 $35^{0}_{+0.05}$mm 的精度？
3. 车削图 6-5 中的 $\phi21^{+0.021}_{0}$mm、$\phi18^{+0.045}_{-0.072}$mm 孔。由于两孔对侧面 D 均有垂直度要求，而 D 面对基准面 C 也有垂直度要求，为了减少装夹误差，D 面与孔应在一次装夹中车削加工。但由于在加工基准孔 A 时，车削端面要根据回转直径车到角铁面，因此改为先加工孔 B。为保证设计尺寸，请计算直接得到尺寸的公差。

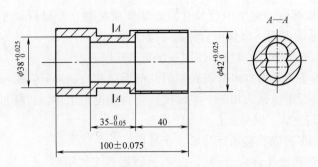

图 6-4 偏心薄壁套

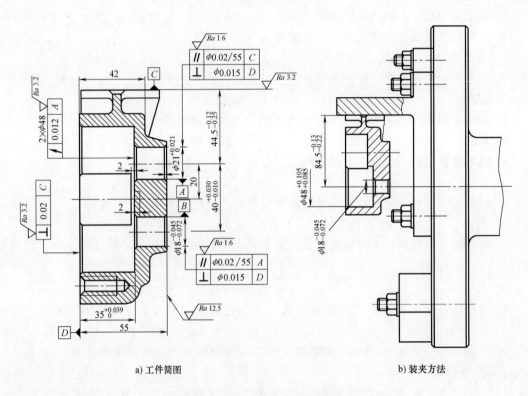

a) 工件简图　　　　b) 装夹方法

图 6-5 在花盘角铁上车削畸形工件

**（四）简答题**

1. 什么是多件套？它的车削与单一零件有什么区别？
2. 如何拟订多件套工件的加工方法？
3. 试述多件套加工的工艺要求。
4. 试述铜合金的加工性能。
5. 试述铝合金的加工性能。

## 四、参考答案及解析

**（一）判断题**

1. √　2. ×　3. √　4. √　5. ×　6. √　7. √　8. ×　9. √　10. √　11. √

## （二）选择题

1. A　2. A　3. C　4. B　5. B　6. B　7. B　8. A

## （三）计算题

1. 解：已知 $C = 1:19.180 = 0.05214$，磨削余量为

$\Delta d_1 = 63.348\text{mm} - (62.6\text{mm} + 0.1\text{mm}) = 0.648\text{mm}$；$\Delta d_2 = 63.348\text{mm} - 62.6\text{mm} = 0.748\text{mm}$

根据计算公式

$$h_1 = \frac{\Delta d_1}{C} = \frac{0.648\text{mm}}{0.05214} = 12.43\text{mm}；\quad h_2 = \frac{\Delta d_2}{C} = \frac{0.748\text{mm}}{0.05214} = 14.35\text{mm}$$

答：这时圆锥量规刻线中心与工件端面间的距离是 12.43~14.35mm。

2. 解：按工序图画出尺寸链图（图6-6），根据分析，尺寸 $A_0 = 35_{-0.05}^{\;\;0}\text{mm}$ 是间接得到的，属于封闭环，尺寸 $A_1$（$A_1 = 100.04\text{mm} - 40.12\text{mm} = 59.92\text{mm}$）为增环，尺寸 $A_2$ 是实际车削得到的，属于减环，根据极值法计算

$$A_{2\min} = A_{1\max} - A_{0\max} = 59.92\text{mm} - 35\text{mm} = 24.92\text{mm}$$

$$A_{2\max} = A_{1\min} - A_{0\min} = 59.92\text{mm} - 34.95\text{mm} = 24.97\text{mm}$$

即

$$A_2 = 25_{-0.08}^{-0.03}\text{mm}$$

答：只要控制 $\phi 42_{\;\;0}^{+0.025}\text{mm}$ 孔的深尺寸在 $25_{-0.08}^{-0.03}\text{mm}$ 范围内，即可保证两孔内壁长度尺寸 $35_{-0.05}^{\;\;0}\text{mm}$。

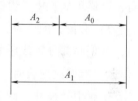

图 6-6　尺寸链图（一）

3. 解：按工序图画出尺寸链图（图6-7），根据分析，设计尺寸 $A_0$ 是间接保证的，属于封闭环；在组成环中，$A_1$ 是增环，$A_2$ 是减环。按极值法计算，即

$$A_{1\max} = A_{0\max} - A_{2\min} = [(44.5 - 0.120) + (40 - 0.010)]\text{mm} = 84.37\text{mm}$$

$$A_{1\min} = A_{0\min} + A_{2\max} = [(44.5 - 0.250) + (40 + 0.030)]\text{mm} = 84.28\text{mm}$$

即 $A_1 = 84.5_{-0.220}^{-0.130}\text{mm}$。

答：车削时，只要控制 $\phi 18_{-0.072}^{-0.045}\text{mm}$ 孔中心线到底面的距离尺寸在 $84.5_{-0.220}^{-0.130}\text{mm}$ 范围内，即可保证设计尺寸 $40_{-0.010}^{+0.030}\text{mm}$。

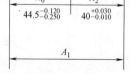

图 6-7　尺寸链图（二）

## （四）简答题

1. 答：多件套是指由两个或两个以上车制工件相互配合所组成的组件。

与单一工件的车削加工相比，多件套的车削不仅要保证各个工件的加工质量，还需要保证各工件按规定组合装配后的技术要求。因此，在制订多件套特别是复杂多件套的加工工艺方案和进行组合件加工时，应特别注意。

2. 答：根据各工件的技术要求和结构特点，以及多件套装配的技术要求，分别拟订各工件的加工方法、各主要表面（各类基准表面）的加工次数（粗加工、半精加工、精加工的选择）和加工顺序。通常应先加工基准面，然后加工工件的其他表面，具体原则如下：

（1）孔和轴的配合　一般情况下，应将内孔作为基准工件首先进行加工，因为孔比外圆柱面的加工难度大。

（2）内、外螺纹的配合　一般以外螺纹为基准工件首先加工，然后加工内螺纹，这是由于外螺纹便于测量。

（3）内、外圆锥的配合　以外圆锥为基准工件首先加工，然后加工内圆锥，使用涂色法检查其接触面。

（4）偏心工件的配合　基准工件为偏心轴，以便于检测，根据装配顺序加工偏心套和其他配合工件。

3. 答：多件套加工的工艺要求如下：

1）影响工件间配合精度的各尺寸（径向尺寸和轴向尺寸），应尽量加工至两极限尺寸的中间值，且加工误差应控制在图样公差的 1/2 以内；各表面的几何形状误差和表面间的相对位置误差应尽可能小。

2）有圆锥体配合时，圆锥体的圆锥角误差要小，车削时车刀刀尖应与圆锥体轴线等高，以避免加工中产生圆锥素线的直线度误差。

3）有偏心配合时，偏心部分的偏心量应一致，加工误差应控制在图样公差的 1/2 以内，且偏心部分轴线应平行于工件基准轴线。

4）有螺纹配合时，螺纹应车制成形，一般不使用板牙、丝锥加工，以保证同轴度要求。螺纹中径尺寸，对于外螺纹应控制在下极限尺寸范围内，对于内螺纹则应控制在上极限尺寸范围内，以使配合间隙尽量大些。

5）工件各加工表面间的锐角应倒钝，毛刺应清理干净。

4. 答：铜合金的加工性能是导电性、耐磨性、耐蚀性好，强度和硬度较低，切削加工性好，比较容易获得较小的表面粗糙度值；但由于其强度和硬度较低，在夹紧力和切削力的作用下容易产生变形；另外，铜合金的线胀系数大，工件的热变形大。

5. 答：铝合金的密度小、硬度低，切削加工性好；导热性好，切削时散热快。但铝合金的强度低，加工中易变形；易产生积屑瘤，会影响表面粗糙度。

# 理论知识模块 3　偏心工件及曲轴加工

## 一、考核范围（图 6-8）

## 二、考核要点详解（表 6-3）

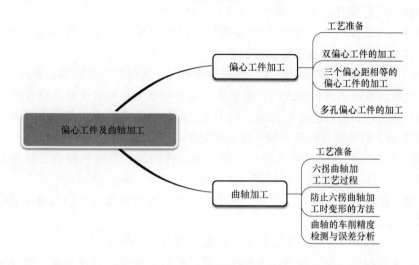

图 6-8　考核范围

表 6-3　考核要点

| 序号 | 考核要点 |
| --- | --- |
| 1 | 三偏心工件的装夹 |
| 2 | 三偏心工件的车削 |
| 3 | 三偏心工件的精度检测与误差分析 |
| 4 | 六拐曲轴的加工工艺特点 |
| 5 | 六拐曲轴加工时的装夹方法 |
| 6 | 六拐曲轴的车削 |
| 7 | 六拐曲轴的精度检测 |
| 8 | 车削六拐曲轴时产生误差的种类、原因和预防措施 |

## 三、练习题

**(一) 判断题**（对的画"√"，错的画"×"）

1. 在机械传动中，把回转运动变为往复直线运动或把直线运动变为回转运动，一般都用偏心轴或曲轴来完成。（　　）

2. 偏心工件的两条素线之间的垂直距离称为偏心距。（　　）

3. 在自定心卡盘上车削偏心工件时，应选用硬度较低的材料作为垫片。（　　）

4. 使用双重卡盘车削偏心工件时，在找正偏心距的同时，还须找正自定心卡盘的轴向圆跳动。（　　）

5. 螺纹特征代号 Tr65×16(P4)-7e 表示梯形外螺纹，公称直径为 65mm，导程为 16mm，螺距为 4mm，大径公差带位置为 e，公差等级为 7 级。（　　）

6. 球墨铸铁曲轴也应进行正火处理，以改善力学性能，提高曲轴的强度和耐磨性。（　　）

7. 曲轴不准有裂纹、气孔、砂孔、分层、夹灰等铸造和锻造缺陷，所以曲轴在精加工

后必须经超声波或磁性探伤。( )

8. 粗车曲轴主轴颈外圆时，为增加装夹刚度，可使用单动卡盘夹住一端，另一端用回转顶尖支承，但必须在卡盘上加平衡块进行平衡。( )

9. 曲轴加工后，曲拐轴颈轴线应与主轴颈轴线平行，并保持要求的偏心距。( )

10. 要确保曲轴各曲拐轴颈轴线的正确位置，主要问题就是如何选择测量方法。( )

11. 用一夹一顶的装夹方法车削曲轴，由于卡盘的制造误差和卡爪的装夹误差与装夹曲轴无关，因此能加工出精度较高的曲轴，可以满足图样要求。( )

12. 使用心轴找正六拐曲轴两端偏心夹板上偏心孔的同轴度时，偏心孔的测量位置应在曲轴主轴颈的最高处或其附近，以提高找正精度。( )

13. 曲柄颈的车削或磨削加工，主要是解决如何把主轴颈轴线找正到与车床或磨床主轴回转轴线同轴的问题。( )

14. 车削多拐曲轴时，应选用重心低、刚性好、抗振性好的车床。( )

15. 精车曲轴曲拐轴颈时，应考虑工件回转时的惯性影响曲拐轴颈的几何形状精度，所以主轴转速不宜过快，一般选用切削速度 $v_c<5\text{m/min}$。( )

16. 曲轴车削前应进行平衡，以保证各轴颈的圆度。( )

17. 车削细长轴时，因为工件长，热变形伸长量大，所以一定要考虑热变形的影响。
( )

（二）选择题（将正确答案的序号填入括号内）

1. 当车削长度较短、偏心距较小、精度要求不高的偏心工件，而加工批量较大时，为减少找正偏心的时间，宜采用（ ）装夹加工。
   A. 单动卡盘　　B. 双重卡盘　　C. 花盘　　D. 自定心卡盘

2. 车削一批长度较短而偏心距 $e=30\text{mm}$ 的工件时，一般可装夹在（ ）上车削偏心孔。
   A. 单动卡盘　　B. 双重卡盘　　C. 花盘　　D. 自定心卡盘

3. 车削六拐曲轴时，当轴向尺寸基准无法作为测量基准时，应把轴向设计尺寸链换算成便于测量的工艺尺寸链，尺寸链中除（ ）环以外的各个环称为组成环。
   A. 增　　B. 封闭　　C. 减　　D. 循环

4. 精车后，曲轴曲拐轴颈的轴线应与主轴颈轴线平行，并保持要求的偏心距，同时各曲拐轴颈之间还有一定的（ ）位置关系。
   A. 垂直　　B. 角度　　C. 平行　　D. 交错

（三）计算题

1. 图 6-9a 所示为三个偏心距相等且成 120°分布的偏心孔工件简图。在花盘角铁上找正后，第一个偏心孔已车削完工，现需要车削第二个偏心孔，方法是把工件按 120°角转动，在已车好的偏心孔内插入一根量棒，并在量棒下面垫入一组量块，使第二个偏心孔的中心线与主轴轴线同轴（图 6-9b）。现测得尺寸 $A=92.14\text{mm}$、$d_1=59.99\text{mm}$，试计算量块高度。

2. 用分度头测量图 6-10 所示曲拐轴颈的夹角误差，测得偏心距 $R=225.08\text{mm}$，曲拐轴颈 $d_1$ 的实际尺寸为 224.99mm，曲拐轴颈 $d_2$ 的实际尺寸为 224.97mm，分度头将 $d_1$ 转至水平位置时，测得 $H_1$ 的值为 448mm，然后将 $d_2$ 转动 120°至水平位置，测得 $H_2$ 的值为 447.40mm，求曲拐轴颈的夹角误差。

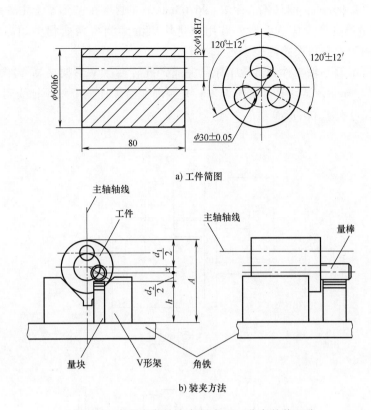

a) 工件简图

b) 装夹方法

图 6-9 在花盘角铁上车削成 120° 分布的偏心孔

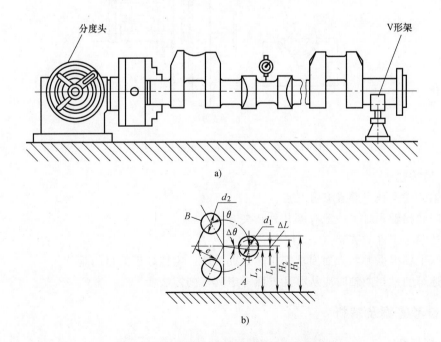

图 6-10 用分度头测量曲拐轴颈的角度误差

3. 有一根 120°±20′ 等分六拐曲轴工件，主轴颈直径实际尺寸为 $D=99.98\text{mm}$，曲柄颈直

径实际尺寸为 $d=89.99$ mm，测得偏心距 $R=96.05$ mm，并测得在V形架上主轴颈顶点距离 $A=201.35$ mm，求量块高度 $h$ 应为多少？若用该量块组继续测得两曲拐轴颈高度差为 $\Delta H=0.4$ mm，求两曲柄颈的夹角误差为多少？

4. 图 6-11a 所示偏心轴工件的其他工序已完成，现装夹在V形架夹具（图 6-11b）上车削偏心轴颈 $\phi 22_{-0.021}^{0}$ mm，试计算其定位误差，并判断能否保证偏心轴颈轴线到 $\phi 120_{-0.14}^{0}$ mm 外圆素线的距离尺寸公差 0.1 mm。

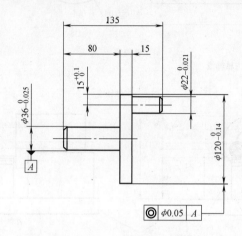

a) 偏心工件

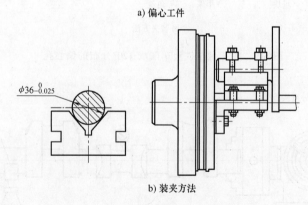

b) 装夹方法

图 6-11 在V形架夹具上车削偏心工件

### （四）简答题

1. 曲轴的基本技术要求有哪几点？
2. 车削曲拐轴颈时，一般有哪几种装夹方法？
3. 试述偏心工件的装夹方法。
4. 机床主轴根据哪两方面要求安排热处理工序？定性处理的目的是什么？
5. 试述车削六拐曲轴时应从哪几方面考虑其车削方法？

## 四、参考答案及解析

### （一）判断题

1. √  2. ×  3. ×  4. √  5. ×  6. √  7. √  8. √  9. √  10. ×

11. ×　　12. ×　　13. ×　　14. √　　15. √　　16. √　　17. √

**(二) 选择题**

1. B　　2. C　　3. B　　4. B

**(三) 计算题**

1. 解：根据图 6-9b 可知

$$A = \frac{d_1}{2} + x + \frac{d_2}{2} + h$$

其中 $x = R\sin 30°$，则

$$h = A - \frac{1}{2}(d_1 + d_2) - R\sin 30° = [92.14 - \frac{1}{2}(59.99 + 18) - 15 \times \sin 30°]\text{mm} = 45.645\text{mm}$$

答：量块高度 $h = 45.645\text{mm}$。

2. 解：已知 $R = 225.08\text{mm}$，$d_1 = 224.99\text{mm}$，$d_2 = 224.97\text{mm}$，$H_1 = 448\text{mm}$，$H_2 = 447.40\text{mm}$。

由图 6-10b 可知

$$L_1 = H_1 - \frac{d_1}{2} = 448\text{mm} - \frac{224.99\text{mm}}{2} = 335.505\text{mm}$$

$$L_2 = H_2 - \frac{d_2}{2} = 447.40\text{mm} - \frac{224.97\text{mm}}{2} = 334.915\text{mm}$$

$$\Delta L = L_1 - L_2 = 335.505\text{mm} - 334.915\text{mm} = 0.59\text{mm}$$

$$\sin \Delta\theta = \frac{\Delta L}{R} = \frac{0.59\text{mm}}{225.08} = 0.00262，\Delta\theta = 9'7''$$

答：曲拐轴颈 $d_1$ 与 $d_2$ 之间的夹角误差为 $9'7''$。

3. 解：已知 $R = 96.05\text{mm}$，$D = 99.98\text{mm}$，$d = 89.99\text{mm}$，$A = 201.35\text{mm}$，$\Delta H = 0.4\text{mm}$，$\beta = 120° - 90° = 30°$。根据公式

$$h = A - \frac{1}{2}(D + d) - R\sin\beta = [201.35 - \frac{1}{2}(99.98 + 89.99) - 96.05 \times \sin 30°]\text{mm} = 58.34\text{mm}$$

$$\sin\beta_1 = \frac{R\sin\beta - \Delta H}{R} = \frac{96.05 \times \sin 30° - 0.4}{96.05} = 0.495836，则 \beta_1 = 29°43'29''$$

$$\Delta\beta = \beta_1 - \beta = 29°43'29'' - 30° = -16'31'' < \pm 20'$$

答：量块组高度为 $h = 58.34\text{mm}$。曲柄颈的夹角误差为 $\Delta\beta = -16'31''$，在 $\pm 20'$ 允许误差范围内。

4. 解：由于偏心轴颈轴线距离的工序基准是 $\phi 120_{-0.14}^{0}\text{mm}$ 外圆上素线，而定位基准是 $\phi 36_{-0.025}^{0}\text{mm}$ 外圆轴线，定位基准与设计基准不符，定位误差出现基准不符和基准位移两种误差。

$\Delta_{不符}$ 为垂直方向上 $\phi 120_{-0.14}^{0}\text{mm}$ 外圆上素线与 $\phi 36_{-0.025}^{0}\text{mm}$ 外圆轴线距离的变动量，即

$$\Delta_{不符} = \frac{T_s}{2} + f = \frac{0.14\text{mm}}{2} + 0.05\text{mm} = 0.12\text{mm}$$

$\Delta_{位移}$ 为 $\phi 36_{-0.025}^{0}\text{mm}$ 外圆轴线在 90° V 形架垂直方向上的变动量，即

$$\Delta_{位移} = \frac{T_s}{2\sin\dfrac{\alpha}{2}} = \frac{0.025\text{mm}}{2\times 0.707} = 0.018\text{mm}$$

$$\Delta_{定位} = \Delta_{不符} + \Delta_{位移} = 0.12\text{mm} + 0.018\text{mm} = 0.138\text{mm}$$

答：根据计算结果，一批工件装夹后，其最大定位误差为 0.138mm，而所需加工偏心轴颈轴线到 $\phi 120_{-0.14}^{\ 0}$mm 外圆上素线的距离公差为 0.1mm，说明采用该定位方法有一部分工件不能达到图样规定的要求。

(四) 简答题

1. 答：曲轴在高速运转时，受周期性弯曲力矩、扭转力矩等的作用，要求曲轴有高的强度、刚度及冲击韧度，同时要有较好的耐磨性、耐疲劳性。因此，曲轴除有较高的尺寸精度、几何精度要求和较小的表面粗糙度值要求之外，还有下列基本技术要求：

1) 钢制的曲轴毛坯须经锻造，使晶粒细化，并使曲轴金属纵向纤维按最有利的方向排列，从而提高曲轴的强度。

2) 钢制曲轴应进行正火或调质处理，各轴颈表面做淬火处理。球墨铸铁曲轴也应进行正火处理，以消除内应力，改善力学性能，同时提高曲轴的强度和耐磨性。

3) 曲轴不准有裂纹、气孔、夹砂、分层等铸造和锻造缺陷。

4) 曲轴的轴颈和轴肩的连接圆角应光洁圆滑，不准有压痕、凹痕、磕碰拉毛、划伤等现象。

5) 曲轴精加工后，应进行超声波（或磁性）探伤和动平衡，以确保曲轴在高速运转时安全、平稳。

2. 答：根据曲轴的结构特点，常用的装夹方法有用两顶尖装夹、一夹一顶装夹、用偏心夹板装夹、用专用夹具装夹。

3. 答：对于一般偏心工件，如短而外形不规则且偏心距不大的偏心工件，可使用单动卡盘装夹；对于形状规则且偏心距不大的偏心工件，可在自定心卡盘的一个卡爪上增加一块垫块装夹，当加工数量较大时，也可使用双重卡盘装夹；较长的偏心轴类工件可使用两顶尖装夹；对于偏心距较大的偏心工件，也可使用花盘装夹等。对于高难度的复杂偏心工件，用上述方法装夹是很难满足加工要求的，所以必须使用车床附件或其他辅助工具装夹，这样才能满足图样规定的技术要求。

4. 答：在机床主轴加工中，热处理工序的安排，一是根据主轴的技术要求，通过热处理来保证其力学性能；二是按照主轴的要求，通过热处理来改善材料的加工性能。

定性处理的目的是消除淬火应力或加工应力，促使残留奥氏体转变为马氏体，稳定金相组织，从而提高主轴的尺寸稳定性，使其长期保持精度。

5. 答：六拐曲轴的车削方法应根据曲轴的具体形状、尺寸、精度、材质及生产类型等因素做出如下考虑：

1) 对零件图进行加工工艺分析，明确加工要求和车削中的难点及需要注意的问题。

2) 选择好曲轴的装夹方法，提高车削曲轴颈的刚度和防止曲轴变形的支承措施，以及使用的刀具。

3) 当曲轴的轴向尺寸设计基准无法用作测量基准时，应把轴向设计尺寸链换算成便于测量的轴向工艺尺寸链，通过尺寸链来控制尺寸精度。

4）选用重心低、刚度高、抗振性强的车床，并适当调整车床的主轴轴承、床鞍、滑板的间隙，提高加工刚度。开机前检查并调整好配重。

5）粗车各轴颈的先后顺序主要是考虑生产率。因此，一般遵循先粗车的轴颈对后精车的轴颈加工刚度降低较少的原则。

6）精车各轴颈的先后顺序，主要是考虑车削过程中曲轴的变形对加工精度的影响。因而，一般遵循先精车在加工中最容易引起变形的轴颈，最后精车对曲轴变形影响最小的轴颈的原则。

7）使用指示表控制背吃刀量，精车连接板间轴颈。

8）采用偏心夹板装夹时，分度中心孔位置必须精确，两块偏心夹板内孔距辅助基准面的高度要相等。

# 理论知识模块4　螺纹加工

## 一、考核范围（图 6-12）

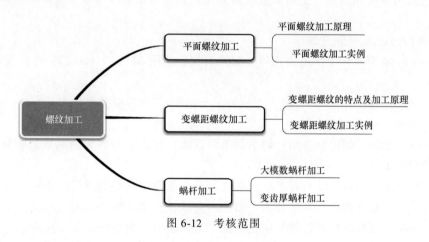

图 6-12　考核范围

## 二、考核要点详解（表 6-4）

表 6-4　考核要点

| 序号 | 考核要点 |
| --- | --- |
| 1 | 车削平面螺纹时传动装置的设计与使用 |
| 2 | 车削变螺距螺杆传动装置的设计与使用 |
| 3 | 大模数蜗杆的车削方法 |
| 4 | 变齿厚蜗杆传动装置的结构特点和工作原理 |
| 5 | 变齿厚蜗杆的加工 |
| 6 | 变齿厚蜗杆的精度检测 |
| 7 | 变齿厚蜗杆产生误差的种类、原因及预防措施 |

### 三、练习题

**（一）判断题**（对的画"√"，错的画"×"）

1. 低速车削螺距较小（$P<4mm$）的梯形螺纹时，可用梯形螺纹车刀，并用少量的左右进给直接车削成形。（　　）
2. 车削要求不高的一般梯形螺纹时，为了车出表面粗糙度值较小的齿面，取具有较大背前角的螺纹车刀，这时应修正刀尖角来补偿牙型角误差。（　　）
3. 在卧式车床上车削平面螺纹，主要是解决长丝杠的传动问题。（　　）
4. 平面螺纹的牙型与矩形螺纹相同，其螺纹以阿基米德螺旋线的形式形成于工件端平面上。（　　）
5. 利用交换齿轮传动比车削平面螺纹，就是利用现有机床上的交换齿轮机构，装上经过计算后按一定传动比的交换齿轮，由长丝杠将运动传至中滑板丝杠，即可车出所需螺距的平面螺纹。（　　）
6. 车削变螺距螺纹时，车床在完成主轴转一转，车刀移动一个螺距的同时，还按工件要求利用凸轮机构传给刀架一个附加的进给运动，使车刀在工件上形成所需的变螺距螺纹。（　　）
7. 米制蜗杆的压力角为20°。（　　）
8. 在CA6140型车床上车削蜗杆时，交换齿轮应使用64齿、100齿和97齿齿轮啮合。（　　）
9. 已知蜗杆模数 $m_x=8mm$、分度圆直径 $d_1=88mm$，则齿根圆直径为 $d_f=d_1-2m_x=88mm-2\times 8mm=72mm$。（　　）
10. 轴向直廓蜗杆的齿形在蜗杆轴平面内为直线，在法平面内为阿基米德螺旋线，因此又称阿基米德蜗杆。（　　）
11. 车削轴向直廓蜗杆装刀时，应使蜗杆车刀切削刃组成平面与工件轴线重合。（　　）
12. 法向直廓蜗杆的齿形在蜗杆法平面内为曲线，在蜗杆轴平面内为直线。（　　）
13. 车削法向直廓蜗杆装刀时，应使蜗杆车刀切削刃组成平面垂直于齿面。（　　）
14. 车削变齿厚蜗杆，不论粗车或精车，都应根据其左、右侧导程分别进行车削。（　　）
15. 车削变齿厚蜗杆时，要保证螺旋面检查基准线上的法向齿厚，同时要保证基准线两侧的相邻齿厚差，关键是要掌握好车削左、右螺旋槽时的起始点。（　　）
16. 蜗轮当量数值的计算公式与铣圆柱齿轮的计算方式相同。（　　）
17. 车多头蜗杆时，应先粗车，精车一条螺旋槽后，再车另一条螺旋槽。（　　）

**（二）选择题**（将正确答案的序号填入括号内）

1. 车削梯形螺纹 Tr65×16（P4）-7e 时，车刀左侧后角 $\alpha_{fL}=$（　　）（其中 $\phi$ 为螺纹升角）。

  A.（3°~5°）+$\phi$　　　　　　　　B. 3°~5°
  C.（3°~5°）-$\phi$　　　　　　　　D. 10°

2. 用三针测量螺纹 Tr65×16（P4）-7e 时，量针直径的计算公式是 $d_D=$（　　）。

  A. 0.577$P$　　B. 0.533$P$　　C. 0.518$P$　　D. 0.688$P$

3. 螺纹升角 φ 的计算公式是（　　）。

A. $\tan\phi = P_n/(\pi d)$　　　　　　　　B. $\tan\phi = P_n/(\pi d_2)$

C. $\tan\phi = P_n/(\pi d_1)$　　　　　　　D. $\tan\phi = P_n/(\pi d_2)$

4. 米制梯形内螺纹小径的计算公式是 $D_1 = $（　　）。

A. $d-P$　　　　B. $d+P$　　　　C. $d-1.05P$　　　　D. $d-1.0825P$

5. 轴向直廓蜗杆的代号为（　　）。

A. ZA　　　　B. ZN　　　　C. ZK　　　　D. ZM

6. 米制蜗杆齿根槽宽 W（蜗杆精车刀刀头宽度）的计算公式是（　　）。

A. $W = 0.697m_x$　　　　　　　B. $W = 0.697P_x$

C. $W = 0.697P_z$　　　　　　　D. $W = 0.697m_z$

7. 轴向直廓蜗杆的齿形在蜗杆端平面内为（　　）。

A. 曲线　　　　　　　　　　B. 直线

C. 阿基米德螺旋线　　　　　D. 渐开线

8. 法向直廓蜗杆的齿形在蜗杆齿部的法向平面内为（　　）。

A. 曲线　　　　　　　　　　B. 直线

C. 阿基米德螺旋线　　　　　D. 渐开线

9. 用游标齿厚卡尺测量蜗杆齿厚时，齿厚尺寸的测量面必须与蜗杆牙侧面（　　）。

A. 平行　　　　B. 垂直　　　　C. 倾斜　　　　D. 交错

（三）计算题

1. 用三针测量法测量 M25×2-6g-LH 螺纹，求量针测量距 M 及其上、下极限偏差。（提示：中径尺寸 $d_2 = 23.701$mm，中径基本偏差 $es = -0.038$mm，公差 $T_{d2} = 0.17$mm）

2. 用三针测量法测量 Tr48×3-7e 梯形螺纹，查表得中径基本偏差 $es = -0.085$mm，中径公差 $T_{d2} = 0.265$mm，求量针测量距 M 及其上、下极限偏差。

3. 车削齿顶圆直径 $d_{a1} = 104$mm、压力角 $\alpha = 20°$、轴向模数 $m_x = 8$mm 的单头米制蜗杆，求蜗杆的分度圆直径 $d_1$、轴向齿距 $p_x$、全齿高 $h$、导程角 $\gamma$ 及法向齿厚 $s_n$。

4. 变齿厚蜗杆在螺旋面基准线上要求法向齿厚 $s_n = 12.516^{-0.222}_{-0.314}$mm，为提高测量精度，用量针测量距测量，但由于该蜗杆是变齿厚蜗杆，因此只能用单针测量，求量针测量距 A 及其上、下极限偏差（测得 $d_{a1} = 103.98$mm）。

5. 在丝杠螺距为 12mm 的车床上，用 $\dfrac{110}{70} \times \dfrac{120}{91}$ 的交换齿轮车削米制蜗杆，问可车削的模数为多大？

6. 在 C6140 型车床上车削 $m_x = 8.0831$mm 的米制蜗杆（车床铭牌中没有标注），试计算交换齿轮齿数。

7. 图 6-13 所示是 CA6140 型卧式车床溜板箱传动系统图，通过光杠将运动传给中滑板传动链，车削平面螺纹，从上面传动系统到光杠（XVIII）的传动比为 $16 \times \dfrac{84}{40} \times \dfrac{58}{118} \times \dfrac{28}{56}$，其中 $\dfrac{84}{40} \times \dfrac{58}{118}$ 为交换齿轮，试计算所要车削平面螺纹的螺距。

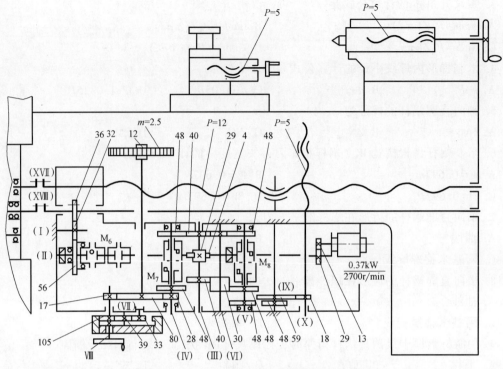

图 6-13　CA6140 型卧式车床溜板箱传动系统图

**（四）简答题**

1. 平面螺纹的车削有哪些特点？车削方法一般有哪两种？
2. 变齿厚蜗杆的特点是什么？车削变齿厚蜗杆的工艺方法是什么？
3. 大模数蜗杆的车削特点是什么？
4. 试述精车大模数蜗杆的方法。

## 四、参考答案及解析

**（一）判断题**

1. √　2. √　3. ×　4. √　5. ×　6. √　7. √　8. √　9. ×　10. ×
11. √　12. ×　13. √　14. √　15. √　16. √　17. ×

**（二）选择题**

1. A　2. C　3. B　4. A　5. A　6. A　7. C　8. B　9. A

**（三）计算题**

1. 解：螺纹中径及其上、下极限偏差为 $d_2 = 23.701_{-0.208}^{-0.038}$ mm。根据量针测量距计算公式

$$d_D = 0.577P = 0.577 \times 2 \text{mm} \approx 1.15 \text{mm}$$

$$M = d_2 + 3d_D - 0.866P = (23.701 + 3 \times 1.15 - 0.866 \times 2) \text{mm} = 25.419 \text{mm}$$

即 $M = 25.419_{-0.208}^{-0.038}$ mm。

答：量针直径为 $d_D = 1.15$ mm，量针测量距及其上、下极限偏差为 $M = 25.419_{-0.208}^{-0.038}$ mm。

2. 解：已知 $d = 48$ mm，$P = 3$ mm，$es = -0.085$ mm，$T_{d2} = 0.265$ mm。根据计算公式

$$d_2 = d - 0.5P = 48\text{mm} - 0.5 \times 3\text{mm} = 46.5\text{mm}$$
$$d_D = 0.518P = 0.518 \times 3\text{mm} = 1.554\text{mm}$$

取 $d_D = 1.55\text{mm}$

$$M = d_2 + 4.864d_D - 1.866P = (46.5 + 4.864 \times 1.55 - 1.866 \times 3)\text{mm} \approx 48.44\text{mm}$$
$$ei = es - T_{d2} = 0.085\text{mm} - 0.265\text{mm} = -0.350\text{mm}$$

则 $M = 48.44_{-0.350}^{-0.085}\text{mm}$。

答：量针测量距及其极限偏差为 $M = 48.44_{-0.350}^{-0.085}\text{mm}$。

3. 解：已知 $m_x = 8\text{mm}$，$d_{a1} = 104\text{mm}$，$\alpha = 20°$。根据米制蜗杆计算公式

$$d_1 = d_{a1} - 2m_x = 104\text{mm} - 2 \times 8\text{mm} = 88\text{mm}$$
$$p_x = \pi m_x = 3.1416 \times 8\text{mm} = 25.133\text{mm}$$
$$h = 2.2m_x = 2.2 \times 8\text{mm} = 17.6\text{mm}$$
$$\tan\gamma = \frac{p_x}{\pi d_1} = \frac{25.133\text{mm}}{3.1416 \times 88\text{mm}} = 0.090909，\gamma = 5°11'40''$$
$$s_n = s\cos\gamma = \frac{p_x}{2}\cos\gamma = \frac{25.133\text{mm}}{2} \times \cos5°11'40'' = 12.514\text{mm}$$

答：蜗杆分度圆直径 $d_1 = 88\text{mm}$，轴向齿距 $p_x = 25.133\text{mm}$，全齿高 $h = 17.6\text{mm}$，导程角 $\gamma = 5°11'40''$，法向齿厚 $s_n = 12.514\text{mm}$。

4. 解：已知 $s_n = 12.516_{-0.314}^{-0.222}\text{mm}$，$m_x = 8\text{mm}$，$d_1 = 88\text{mm}$，$d_{a1} = 103.98\text{mm}$。根据计算公式

$$p_x = \pi m_x = 3.1416 \times 8\text{mm} = 25.133\text{mm}$$
$$d_D = 0.533p_x = 0.533 \times 25.133\text{mm} = 13.40\text{mm}$$
$$M = d_1 + 3.924d_D - 1.374p_x = (88 + 3.924 \times 13.40 - 1.374 \times 25.133)\text{mm} = 106.049\text{mm}$$

把齿厚偏差换算成量针测量距偏差

$$\Delta M_上 = 2.7475\Delta s_上 = 2.7475 \times (-0.222\text{mm}) = -0.610\text{mm}$$
$$\Delta M_下 = 2.7475\Delta s_下 = 2.7475 \times (-0.314\text{mm}) = -0.863\text{mm}$$

即 $M = 106.049_{-0.863}^{-0.610}\text{mm}$。

$$A_1 = \frac{M_{\max} + d_{a2}}{2} = \frac{106.049 - 0.610 + 103.98}{2}\text{mm} = 104.710\text{mm}$$
$$A_2 = \frac{M_{\min} + d_{a2}}{2} = \frac{106.049 - 0.863 + 103.98}{2}\text{mm} = 104.583\text{mm}$$

则 $A = 105_{-0.417}^{-0.290}\text{mm}$。

答：单针测量读数为 $A = 105_{-0.417}^{-0.290}\text{mm}$。

5. 解：已知 $P_{丝} = 12\text{mm}$，交换齿轮齿数 $z_1 = z = 110$、$z_2 = 70$、$z_3 = 120$、$z_4 = 91$。根据交换

齿轮计算公式

$$\frac{P_{\text{x}}}{P_{\text{丝}}} = \frac{\pi m_{\text{x}}}{P_{\text{丝}}} = \frac{z_1 z_3}{z_2 z_4}$$

$$m_{\text{x}} = \frac{z_1 z_3 P_{\text{丝}}}{z_2 z_4 \pi} = \frac{110 \times 120 \times 12 \text{mm}}{70 \times 91 \times 3.1416} = 7.9153 \text{mm}$$

答：可以车削的最大模数为 $m_{\text{x}} = 7.9153$ mm。

6. 解：选择 $m_{\text{x}} = 8$ mm，查出原交换齿轮传动比 $i_{\text{原}} = \frac{64}{100} \times \frac{100}{97}$。根据交换齿轮计算公式

$$i_{\text{新}} = \frac{m_{\text{x新}}}{m_{\text{x原}}} \times i_{\text{原}} = \frac{8.0831 \text{mm}}{8 \text{mm}} \times \frac{64}{100} \times \frac{100}{97} = \frac{94}{93} \times \frac{64}{97}$$

验证：$z_1 + z_2 = 94 + 93 > z_3 + 15 = 64 + 15$

$$z_3 + z_4 = 64 + 97 > z_2 + 15 = 93 + 15$$

即安装交换齿轮时，不会发生干涉。

答：交换齿轮齿数为 $z_1 = 94$、$z_2 = 93$、$z_3 = 64$、$z_4 = 97$。

7. 解：已知从上面传动到光杠（XVIII）的传动比为 $16 \times \frac{84}{40} \times \frac{58}{118} \times \frac{28}{56}$，根据图示传动比为

$$P = 16 \times \frac{84}{40} \times \frac{58}{118} \times \frac{28}{56} \times \frac{36}{32} \times \frac{32}{56} \times \frac{4}{29} \times \frac{40}{30} \times \frac{30}{48} \times \frac{48}{48} \times \frac{59}{18} \times 5 \text{mm}(P_{\text{丝}}) = 10 \text{mm}$$

答：所要车削平面螺纹的螺距 $P = 10$ mm。

**（四）简答题**

1. 答：平面螺纹的牙型与矩形螺纹相同，其螺纹以阿基米德螺旋线的形式形成于工件端平面上。由于平面螺纹是在平面上车削的，因此又具有其独特之处，在卧式车床上车削平面螺纹时，是由光杠将运动传至中滑板丝杠进行加工的。

在卧式车床上车削平面螺纹一般有以下两种方法：

1) 利用现有机床上的交换齿轮机构，装上经计算后按一定传动比的交换齿轮，由光杠把运动传至中滑板丝杠，即可车出所需螺距的平面螺纹。

2) 利用车床主轴带动齿轮传动装置车削平面螺纹。

2. 答：变齿厚蜗杆是普通蜗杆的一种变形，由于其左、右两部分的导程不相等，使蜗杆齿厚逐渐变小或变大，因此又称为双导程蜗杆。

在卧式车床上车削变齿厚蜗杆的工艺方法是以标准导程为准，利用交换齿轮传动比来增大或减小左、右两侧的导程，形成不同的齿厚。

3. 答：车削时，受导程角的影响，使车刀静止时的前角和后角的角度数值有所不同。

导程角越大，对车削时前角和后角的影响就越显著。车削时，导程角会使车刀沿进给方向一侧的后角变小，使另一侧的后角变大。为了避免车刀后面与牙侧发生干涉，应将车刀沿进给方向一侧的后角加上导程角；为了保证车刀强度，应将车刀背着进给方向一侧的后角减去导程角。

同样，由于受导程角的影响，使车刀两侧的工作前角与静止前角的角度数值也不相同。由于蜗杆牙槽较宽、较深，需采用左右借刀法分层车削。如果在切削时工作前角是负前角，则切削不顺利，排屑也很困难，在导程角较大时此问题尤为突出。为了改善上述状况，在刃磨粗车刀时，还需考虑车刀左、右侧面工作前角和排屑问题，应使切削右侧面精车刀的工作前角大于或等于 0°，以利于切削和排屑。

4. 答：精车大模数蜗杆的方法如下：

（1）刀具材料、刀具角度及刃磨刀具的选择　对零件进行分析和计算各主要参数后，首先应合理地选择刀具材料及刃磨刀具。蜗杆精车刀按水平装刀法安装，用样板或角度尺找正车刀。

（2）对刀　对刀前，应调整好床鞍、中滑板和小滑板的间隙。

（3）切削用量的选择　精车进给前，应调整好转速，精车时切削速度选择 2.5m/min，转速为 10r/min 左右。先精车右侧面，调整小滑板，使车刀右切削刃与右侧面接触后退回起始位置，以 0.03~0.005mm 的背吃刀量逐渐递减车削右侧面，使表面粗糙度达到要求即可，其余量在精车左侧面时切除。精车左侧面的方法与精车右侧面类似。

# 理论知识模块 5　畸形工件和薄板类工件加工

## 一、考核范围（图 6-14）

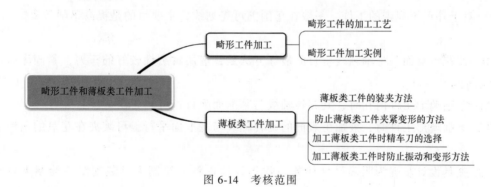

图 6-14　考核范围

## 二、考核要点详解（表 6-5）

表 6-5　考核要点

| 序号 | 考核要点 |
|---|---|
| 1 | 畸形工件专用夹具的设计与制作 |
| 2 | 畸形工件的定位与装夹 |
| 3 | 畸形工件加工工艺的制订 |
| 4 | 畸形工件的精度检测 |
| 5 | 车削畸形工件时产生误差的种类、原因和预防措施 |
| 6 | 薄板类工件的装夹方法 |
| 7 | 防止薄板类工件夹紧变形的方法 |
| 8 | 加工薄板类工件时防止振动和热变形的方法 |

## 三、练习题

**(一) 判断题**（对的画"√"，错的画"×"）

1. 若畸形工件的所有表面都要加工，则应以余量最大的表面为主要定位基准面。
（    ）

2. 装夹畸形工件时，若以毛坯面为定位基准，则该面与花盘或角铁应成三点接触，且三点间距离应尽可能大，各点与工件的接触面积应尽可能小。（    ）

3. 车削畸形工件时，应尽可能对工件进行一次装夹，即完成全部或大部分的加工内容，以避免因互换基准而带来的加工误差。（    ）

4. 检测畸形工件线对面的平行度误差时，可以用检验平板模拟理想基准，用指示表、外径千分尺、测微仪等沿各个方向移动来检测。（    ）

5. 检测畸形工件线对线的垂直度误差时，可以用两心轴分别模拟被测轴线与基准轴线，基准轴线垂直放置，用指示表、微测仪等在心轴两端检测。（    ）

6. 工件的几何形状误差（如圆度误差）过大也会造成尺寸误差超差。（    ）

7. 车削畸形工件时，若定位基准面选择不正确、找正方式不当或未达到要求，则会造成几何误差不符合图样要求。（    ）

8. 装夹畸形工件时，为防止工件装夹变形，夹紧力要与支承件的接触面相对应，不能在工件悬空处夹紧。（    ）

9. 对于外形不规则的工件，一般在车削前可先划线，主要目的是提高车削效率。
（    ）

10. 使花盘盘面与主轴轴线垂直的最好方法是，选用耐磨性较好的车刀，紧固床鞍后对花盘盘面精车一刀。（    ）

11. 车削畸形工件内孔时，其旋转轴线与基准面平行，可装夹在花盘上车削。（    ）

12. 车削畸形工件时，被加工表面的旋转轴线与基准面平行，可装夹在花盘的角铁上车削。（    ）

13. 夹具设计步骤为明确设计任务→收集设计资料→绘制夹具装配图→绘制夹具零件图。（    ）

14. 组合夹具装好后，应仔细检查夹具的总装尺寸精度和位置精度，合格后方可交付使用。（    ）

15. 箱体分体加工，完成全部工序后，对主要技术条件进行全部检验，对次要技术条件进行抽验。（    ）

**(二) 选择题**（将正确答案的序号填入括号内）

1. 当畸形工件表面不需要全部加工时，应尽量选取不加工表面作为主要（    ）面。
  A. 定位精基准      B. 定位粗基准
  C. 设计基准        D. 装配基准

2. 检查畸形工件（    ）的平行度误差时，用两心轴分别模拟被测轴线与基准轴线，用等高V形架支承基准心轴，用指示表、千分尺、测微仪等在心轴两端检测，然后旋转

90°，测量另一方向的平行度误差。

  A. 面对面    B. 线对面    C. 线对线    D. 面对线

 3. 检查畸形工件（　　）的垂直度误度时，以方箱为垂直平面模拟基准，以检验平板为水平模拟基准，用心轴模拟被测轴线，工件测量基准紧靠方箱，用指示表、测微仪等在心轴两端检测。

  A. 面对面        B. 线对面

  C. 线对线        D. 面对线

 4. 直角形角铁装上花盘后，其工作平面应与车床主轴轴线（　　）。

  A. 垂直    B. 平行    C. 倾斜    D. 交错

 5. 在花盘上装夹工件后产生偏重时，（　　）。

  A. 只影响工件的加工精度

  B. 不仅影响工件的加工精度，还会损坏车床的主轴和轴承

  C. 不影响工件的加工精度

  D. 只影响车床的主轴和轴承

 6. 外形较复杂、加工表面的旋转轴线与基面（　　）的工件，可以装夹在花盘上加工。

  A. 垂直    B. 平行    C. 倾斜    D. 交错

 7. 正弦规是测量（　　）的量具。

  A. 长度    B. 角度    C. 表面粗糙度    D. 同轴度

### （三）简答题

1. 车削畸形工件时，主要定位基准面的选择应从哪几方面考虑？
2. 如何正确选择装夹畸形工件的方法？
3. 车削畸形工件时，造成几何误差不符合图样要求的原因有哪几方面？
4. 车削薄板类工件时，防止产生振动和热变形的方法有哪些？
5. 如何测量复杂形体工件线对线、线对面的垂直度误差？
6. 薄板类工件有哪些装夹方法？

## 四、参考答案及解析

### （一）判断题

1. ×   2. √   3. √   4. ×   5. √   6. √   7. √   8. √   9. ×   10. √

11. ×   12. √   13. ×   14. √   15. ×

### （二）选择题

1. B   2. C   3. B   4. B   5. B   6. A   7. B

### （三）简答题

1. 答：车削畸形工件时，主要定位基准面应尽量和工件的设计、装配基准面一致，以利于达到装配和配合的要求。选择主要定位基准面时应从以下几方面考虑：

 1）主要定位基准面的尺寸应尽量大，并接近将要加工的部位。

 2）当工件外表面不需要全部加工时，应尽量选取不加工表面作为主要定位粗基准面。

3) 若工件所有表面都要加工，则应以余量最小的表面为主要定位基准面。

2. 答：车削畸形工件时，应根据以下几方面要求选择装夹方法：

1) 以毛坯面为定位基准时，该面与花盘或角铁应成三点接触，且三点间距离应尽可能地大，各点与工件的接触面积也应尽可能地大。

2) 若以已加工面为定位基准，则可使其全部或大部分与花盘或角铁平面接触，其接触面积不受限制。

3) 应尽可能地对工件进行一次装夹，即完成全部或大部分的加工内容，以避免因互换基准而带来加工误差。

4) 夹紧力作用位置应指向主要定位基准面，应尽量靠近加工面，并尽可能与支承部分的接触面相对应，以保证装夹牢固，避免造成工件变形。

5) 对于大型工件及形状特殊的工件，还应采用辅助支承，以增加装夹的稳定性。

3. 答：车削畸形工件时，造成几何误差不符合图样要求的原因有以下几方面：

1) 花盘、角铁装夹基准面的几何精度（如平面度和垂直度）不符合要求，或有毛刺、杂物等。

2) 定位基准面选择不正确，找正方法不当或未达到要求。

3) 夹紧方法不当，造成工件变形或夹紧不可靠，使工件产生移位。

4) 机床间隙未调整适当或未经仔细平衡而出现加工误差。

5) 机床导轨的直线度误差、导轨与主轴轴线平行度误差的影响。

6) 刀杆刚性较差，悬伸长度较长，精车时刀具磨损，加工余量与工件材质不均匀或切削用量选取不当，工件壁厚不等时切削热量不同等。

4. 答：为防止车削时的振动和热变形，可采取以下几方面措施：

（1）调整车床滑动部位间隙　车削前应将车床各滑动部位间隙调小，以增加自身刚性，减少机床振动。

（2）选择合适的切削用量　精车时，进给量为 0.05~0.1mm/r，背吃刀量为 0.05~0.07mm，切削速度小于 65m/min，这样能消除切削过程中由刀具引起的振动，特别是 65m/min 以下的切削速度避开了薄板与机床的共振，从而避免了切削时振动引起的变形。

（3）增加半精车和热处理工序　在粗车后，增加半精车工序。半精车后留 0.2~0.4mm 的余量，然后热处理退火，退火时将工件平放在铸铁平板上，温度控制在 300℃ 左右，这样能实现热校平，同时也可释放内应力，减少工件变形。

（4）选择合适的切削液　精车时，要选择冷却作用和润滑作用都较好的切削液，选用柴油既能降低工件的表面粗糙度值，同时又能减少切削热。

5. 答：（1）线对线的垂直度误差的测量　用两心轴分别模拟被测轴线与基准轴线，基准轴线垂直放置，用指示表、测微仪等在心轴两端检测。

（2）线对面的垂直度误差的测量　以方箱为垂直平面模拟基准，检验平板为水平模拟基准，用心轴模拟被测轴线，工件测量基准紧靠方箱，用指示表、测微仪等在心轴两端检测。

6. 答：根据薄板类工件的形状、加工表面和加工精度要求的不同，可以选择下面几种方法进行装夹：使用增大夹紧面积的软爪卡盘装夹、使用真空吸盘装夹、使用磁性吸盘装夹、多件装夹。

# 理论知识模块 6* 新型刀具及现代先进加工技术

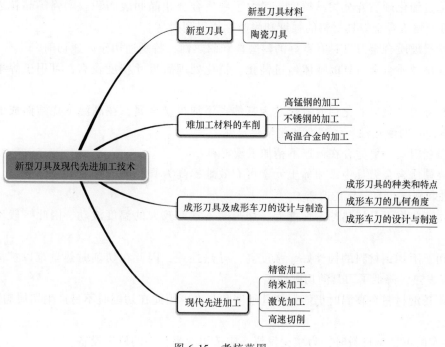

图 6-15 考核范围

## 一、考核范围（图 6-15）

## 二、考核要点详解（表 6-6）

表 6-6 考核要点

| 序号 | 考核要点 |
|---|---|
| 1 | 新型硬质合金材料的种类和应用特点 |
| 2 | 陶瓷刀具的应用特点 |
| 3 | 常见难加工材料的种类和加工特点 |
| 4 | 成形刀具的种类、特点和刀具的几何角度 |
| 5 | 成形车刀几何角度的选择 |
| 6 | 成形车刀的设计制造与误差分析 |
| 7 | 精密加工的方法与特点 |
| 8 | 纳米加工的特点与应用 |
| 9 | 激光加工的特点与应用 |
| 10 | 高速切削的特点与应用 |

### 三、练习题

**(一) 判断题**（对的画"√"，错的画"×"）

1. 通过细化硬质合金相晶粒度，增大了硬质合金相晶间表面积，增强了晶粒之间的结合力，可使硬质合金刀具材料的强度和耐磨性均得到提高。（　　）
2. 涂层硬质合金刀具具有良好的耐磨性和耐热性，特别适用于高速切削。（　　）
3. 涂层硬质合金刀具的基体经过钝化、精化处理后尺寸精度较高，可用于焊接结构的刀具。（　　）
4. 陶瓷刀具是以氧化铝或氮化硅为基体再添加少量金属，在高温下烧结而成的一种刀具，具有优异的耐热性、耐磨性和化学稳定性。（　　）
5. 陶瓷刀具一般适合在低速下精加工硬材料。（　　）
6. 在硬质合金刀具中添加稀土元素可有效地提高刀具的断裂韧度和抗弯强度，对刀具的耐磨性和硬度也有一定的改善。（　　）
7. 由于陶瓷刀具抗热冲击性能差，切削时不宜有较大的温度波动，因此一般不加切削液。（　　）
8. 由于不锈钢材料的韧性好、强度高、导热性差，因此在切削时热量难以扩散，致使刀具容易发热，降低了刀具的切削性能。（　　）
9. 不锈钢材料在高温时仍能保持其硬度和强度，因此在切削时不易产生切屑瘤。（　　）
10. 车削不锈钢材料时，为减少发热，应选用功率较小的机床设备。（　　）
11. 用成形刀具加工出的工件具有形状和尺寸一致性好、互换性较高的特点。（　　）
12. 成形车刀切削刃上离基准点越远的点，其前角越大、后角越小。（　　）
13. 金属材料切削加工性能的好坏，主要从切屑形成和排出的难易程度、已加工表面质量和刀具使用寿命三大方面来衡量，只要其中有一项明显较差时，就作为难加工材料。（　　）

**(二) 选择题**（将正确答案的序号填入括号内）

1. 以下（　　）可以作为车削不锈钢材料的刀具材料。
   A. YT30（P01）　　B. YT15（P10）　　C. YG15（K30）　　D. W18Cr4V
2. 超细晶粒合金刀具的使用场合不包括（　　）。
   A. 高硬度、高强度难加工材料的切削　　B. 难加工材料的间断切削
   C. 普通钢材的高速切削　　D. 难加工材料的切削
3. 在1200℃高温下，陶瓷刀具的硬度仍能达到（　　）。
   A. 91~95HRA　　B. 90~95HRC　　C. 80HRA　　D. 80HRC
4. 陶瓷刀具一般适合在高速下精加工硬的材料，例如，在切削速度等于（　　）的条件下车削淬火钢。
   A. 80mm/min　　B. 120mm/min　　C. 160mm/min　　D. 200mm/min
5. 高温合金的切削温度可达 750~1000℃，因此（　　）的做法不太合适。
   A. 加大切削液流量　　B. 增大刀尖角
   C. 增大主偏角　　D. 增大刀尖圆弧半径

6. 涂层硬质合金主要用于（   ）。
   A. 焊接结构刀具　　　　　　　　　　　B. 需要刃磨的刀具
   C. 可转位刀片　　　　　　　　　　　　D. 成形刀具
7. 成形车刀按加工时的进刀方向可分为径向、轴向和切向三类，其中以（   ）成形车刀使用最广泛。
   A. 径向　　　　B. 轴向　　　　C. 切向　　　　D. 法向
8. 成形车刀重磨时，应刃磨（   ）。
   A. 前面　　　　B. 后面　　　　C. 前面与后面　　　　D. 前面与侧面
9. 刀具的制造误差、装夹误差和磨损会造成（   ）误差。
   A. 定位　　　　B. 加工　　　　C. 基准位移　　　　D. 装配
10. 螺纹车刀装夹时刀尖高于或低于工件轴线，车削螺纹时将产生（   ）误差。
    A. 圆度　　　　B. 圆柱度　　　　C. 廓形　　　　D. 螺距
11. 机床、夹具、刀具和工件在加工时形成统一的整体，称为（   ）系统。
    A. 工艺　　　　B. 设计　　　　C. 加工　　　　D. 定位
12. 增大车刀的（   ），可以减少切屑变形和切削抗力，切屑与刀面之间的摩擦力也随之减小，因此不容易产生积屑瘤。
    A. 前角　　　　B. 后角　　　　C. 主偏角　　　　D. 副偏角
13. 为了提高材料的硬度、强度和耐磨性，可进行（   ）热处理。
    A. 正火　　　　B. 调质　　　　C. 淬火　　　　D. 回火
14. 难加工材料的切削特点是切削力大、加工硬化明显、切削温度高、刀具易磨损和（   ）。
    A. 加工精度难以保证　　　　　　　　B. 加工工作量大
    C. 加工周期长　　　　　　　　　　　D. 加工效率低
15. 切削不锈钢时，切削液应选用（   ）。
    A. 抗黏结性和散热性好的切削液　　　B. 矿物油
    C. 煤油　　　　　　　　　　　　　　D. 植物油

（三）简答题

1. 陶瓷刀具有何特点？陶瓷刀具的种类有哪些？各适用于什么场合？
2. 难加工材料的性能特点有哪些？
3. 从加工角度看，改善切削加工性的途径主要有哪些？
4. 车削高温合金材料时的主要问题是什么？
5. 细化硬质相晶粒度有何作用？常用的晶粒细化工艺方法主要有哪几种？超细晶粒合金主要用于什么场合？
6. 不锈钢材料的车削特性有哪些？
7. 使用成形车刀时应注意哪些问题？

## 四、参考答案及解析

（一）判断题

1. √　2. √　3. ×　4. √　5. ×　6. √　7. √　8. √　9. ×　10. ×

11. √  12. ×  13. √

(二) 选择题

1. C  2. C  3. C  4. D  5. C  6. C  7. A  8. A  9. B  10. C  11. A  12. A
13. A  14. A  15. A

(三) 简答题

1. 答：陶瓷刀具有以下特点：

1) 硬度高、耐磨性较好，常温硬度达 91~95HRA，超过了硬质合金，因此可用于切削 60HRC 以上的硬材料。

2) 耐热性较好，1200℃下硬度为 80HRA，强度、韧性降低得较少。

3) 化学稳定性较好，在高温下仍有较好的抗氧化、抗黏结性能，因此刀具的热磨损较少。

4) 摩擦系数较小，切屑不易黏刀，不易产生积屑瘤。

5) 强度与韧性低。强度只有硬质合金的一半，因此切削时需要选择合适的几何参数和切削用量，避免承受冲击载荷，以防崩刃与破损。

6) 热导率低，仅为硬质合金的 20%~50%，热胀系数比硬质合金高 10%~30%，故抗热冲击性能较差。因此，切削时不宜有较大的温度波动，一般不加注切削液。

陶瓷刀具的种类与应用如下：

(1) 氧化铝-碳化物系陶瓷　适合在中等切削速度下切削难加工材料，如冷硬铸铁、淬硬钢等。

(2) 氮化硅基陶瓷　用氮化硅基陶瓷刀具切削钢、铜、铝时均不黏屑，不易产生积屑瘤，从而提高了加工表面质量。

2. 答：难加工材料的性能特点有：

1) 切削力大。材料强度和硬度高，切削时会产生强烈的塑性变形，使切削力剧增。

2) 切削温度高。高温合金的切削温度可达 750~1000℃。

3) 加工硬化严重。

4) 容易黏刀。奥氏体型不锈钢和高温合金的切屑强韧，切削温度高，当切屑流经刀具前面时，会出现黏结、熔焊等黏刀现象。

5) 刀具磨损剧烈。

6) 切屑控制困难。由于材料塑性好、强度高，造成切屑的卷曲、折断和排屑困难。

3. 答：从加工角度看，改善切削加工性的途径主要有选用合适的刀具材料、优化刀具几何参数、选用合适的切削用量、重视切屑控制等。

4. 答：车削高温合金材料时的主要问题是：

1) 所需切削力大。通常比在同样条件下切削普通钢材大 2~3 倍。

2) 容易产生加工硬化。表面硬度要比其基体高 50%~100%。

3) 切削温度高。塑性变形消耗的能量很大，导致发热严重，而高温合金材料的热导率小，致使高的切削热集中在切削区，从而使切削温度增高，一般可达 1000℃左右。

4) 刀具寿命低。刀具要承受很大的切削力，切削温度又很高，使得刀具寿命低。

5. 答：通过细化硬质相晶粒度，增大了硬质相晶间表面积，增强了晶粒之间的结合力，可使硬质合金刀具材料的强度和耐磨性均得到提高。

常用的晶粒细化工艺方法主要有物理气相沉积法（PVD）、化学气相沉积法（CVD）、等离子体沉积法、机械合金化法等。

超细晶粒合金的使用场合主要有：

1）高硬度、高强度难加工材料的加工。

2）难加工材料的断续切削，如铣削。

3）有低速切削刃的刀具，如切断刀、小钻头、成形刀等。

6. 答：由于不锈钢的韧性好、强度高、导热性差，因此在切削时热量难以扩散，致使刀具易于发热，降低了刀具的切削性能。由于不锈钢的金属组织中有分散的碳化物杂质，车削时会产生较高的腐蚀性，导致刀具容易磨损。不锈钢有较高的黏附性，切削时易产生积屑瘤，使加工表面粗糙度值加大。同时，积屑瘤时大时小、时有时无，使切削力不断变化而引起振动。

7. 答：使用成形车刀时应注意以下几点：

1）刀具装夹必须牢固。

2）切削刃上最外缘点（基准点）应对准工件中心。

3）棱形成形车刀的安装定位基准平面与圆形成形车刀的轴线应平行于工件的轴线。

4）刀具安装后的前角和后角应符合设计时所规定的大小。

## 理论知识模块 7　车床精度检测、故障分析与排除

### 一、考核范围（图 6-16）

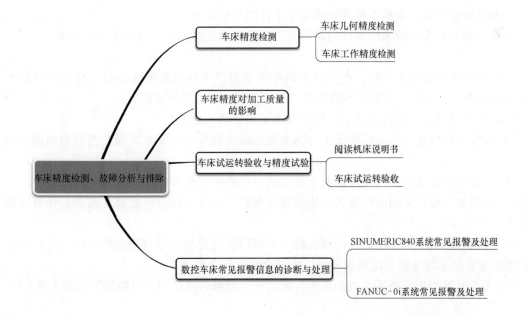

图 6-16　考核范围

## 二、考核要点详解（表 6-7）

表 6-7 考核要点

| 序号 | 考核要点 |
| --- | --- |
| 1 | 车床几何精度检测的主要内容 |
| 2 | 车床工作精度检测的内容 |
| 3 | 车床精度对加工质量的影响 |
| 4 | 车床试运转试验项目及其验收要求 |
| 5 | 数控车床常见报警信息的诊断与排除方法 |

## 三、练习题

**（一）判断题**（对的画"√"，错的画"×"）

1. 工件车削加工后的实际几何参数（尺寸、形状和位置）与理想几何参数的符合程度称为加工精度。（　　）

2. 用试切法控制工件尺寸精度，试切时切削层厚度越小，越容易控制试切后所需要的加工尺寸。（　　）

3. 用定程法车削时，可使用试切法来调整定程元件的位置，或确定手柄刻度值及指示表的示值。（　　）

4. 用定程法车削时，定程装置的重复精度、刀具的磨损、工艺系统的热变形、同批次工件的硬度及加工余量的变化等因素，都会影响加工精度。（　　）

5. 工件装夹过程中产生的误差称为夹紧误差。（　　）

6. 基准位移误差与基准不符误差构成了工件的装夹误差。（　　）

7. 在定位表面及定位元件相同的情况下，正确选用装夹方法可以减小定位误差。（　　）

8. 装夹结构薄弱的工件时，在夹紧力的作用下会产生很大的弹性变形。在变形状态下形成的加工表面，当松开夹紧变形消失后，工件会产生较大的形状误差。（　　）

9. 工件的机械加工质量包括加工精度和表面质量两个方面。（　　）

10. 机械工件的加工误差反映了工件的被测提取要素与拟合要素之间几何参数的偏离程度。（　　）

11. 工件的残余应力是指当外部载荷撤除后，仍然残存在工件内部的应力。（　　）

12. 车削加工时，常用冷校直的方法校直弯曲的毛坯及工件。冷校直是减少工件弯曲的好方法。（　　）

13. 车削加工时，由于工件表面层材料受到不同程度切削力和切削热的作用，各层面产生的塑性变形和金相组织变化并不相同，所以会产生残余应力。（　　）

14. 人工时效处理有高温时效和低温时效之分。低温时效适用于半精加工后的工件。（　　）

15. 振动时效处理不需要进行加热，工件无氧化皮，适用于工件精加工前的去应力处理。（　　）

16. 工件表面粗糙度值的大小，对过盈配合零件的配合性质影响不大。（　　）

17. 残留面积高度与进给量 $f$、主偏角 $\kappa_r$ 和刀尖圆弧半径 $r_\varepsilon$ 有关,而与副偏角 $\kappa_r'$ 无关。
（    ）
18. 在切削过程中,由于车刀刀尖圆弧及后面的挤压与摩擦会使金属材料发生塑性变形,将理论残留面积挤歪或加深沟纹,因而实际残留面积高度比理论值要小些。（    ）
19. 适当减小主偏角、副偏角能够达到在一定程度上控制残留面积高度的目的。（    ）
20. 适当增大车刀圆弧半径可以减小表面粗糙度值,但过大的圆弧半径会使背向力增大而产生振动,反而会使表面粗糙度值变大。（    ）
21. 采用低速切削或高速切削,都不容易形成积屑瘤。（    ）
22. 使用刃倾角为负值车刀,目的是让切屑流向待加工表面。（    ）
23. 车削加工时,适当加大刀具前角可以减小切削力,有利于减少振动。（    ）
24. 量仪是利用机械、光学、气动、电动等原理将长度放大或细分的测量器具。（    ）
25. 被加工表面技术要求是选择加工方法的唯一依据。（    ）
26. 退火、正火一般安排在粗加工之后、精车之前进行。（    ）
27. 调质的目的是提高材料的硬度、耐磨性及耐蚀性。（    ）
28. 加工精度是指加工后的实际几何参数与理想几何参数的偏离程度。（    ）
29. 为实现工艺过程所必须进行的各种辅助动作所消耗的时间称为布置工作地时间。（    ）
30. 成组技术中工件分组方法有生产流程分析法、特征码位法和码域法等。（    ）
31. 箱体分体加工,完成全部工序后,应对主要技术条件进行全部检验,对次要技术条件进行抽验。（    ）
32. 用回转工作台找正垂直孔系,其精度主要取决于工件安装基准的精度。（    ）
33. 精密测量仪器是用于精密测量的,故这种仪器本身没有误差。（    ）
34. 为了消除心轴误差的影响,一次检验后,须拔出心轴,相对主轴旋转 90°,重新插入主轴锥孔中依次重复检验三次。（    ）
35. 机床主轴主要是确定工件或刀具位置和运动的基准,所以它的误差不会直接影响工件的加工精度。（    ）
36. 卧式车床纵向导轨在垂直平面内的直线度误差,会导致床鞍沿着床身移动时发生倾斜,引起车刀刀尖的偏移,使工件产生圆柱度误差。（    ）
37. 用成形车刀车削时,被加工表面的几何形状精度直接取决于刀具廓形的形状精度和安装精度。（    ）
38. 机床、夹具、刀具和工件在加工时形成一个统一的整体,称为工艺系统。（    ）
39. 当工件的刚度较低时,其在外力作用下发生的变形对加工精度的影响较小。（    ）
40. 由于车刀刚度较低而加工余量不均匀,车削后会产生"误差复映"的现象。（    ）
41. 工艺系统的刚度越低,"误差复映"的现象就越少。（    ）
42. 在刚度大的工艺系统中,连续车削加工时刀具的少量磨损不会引起加工尺寸的很大变化。（    ）
43. 工件加工划分为粗、精加工,是减小工艺系统受力变形误差的主要措施之一。（    ）
44. 为了减小产生变形的切削力,改变刀具角度及加工方法可取得良好的效果。（    ）

45. 切削热是导致刀具热变形的主要热源，但由于刀具的体积小、热容量不大，因此不可能引起较高的温度和较大的热伸长。（   ）

46. 车削加工时，工艺系统受热变形引起的加工误差，主要是受到内部热的影响，与外部热源无关。（   ）

47. 车床的主要热源是主轴箱，温升最大的部位在主轴的后轴承处。（   ）

48. 车床的几何精度是保证工件加工精度的一般要求。（   ）

49. 安全离合器是定转矩装置，可用来防止机床工作时因超载而损坏。（   ）

50. 工作导轨之间要有合理的间隙，间隙太小时移动费力且不灵活，间隙太大时工作不平稳。造成工作台不平稳的主要原因是导轨处的镶条太松。（   ）

51. 如果开合螺母与丝杠间隙过大，使床鞍产生轴向窜动，则车螺纹时会造成螺距不等，出现大小牙或乱牙现象。（   ）

52. 不正确的电池更换步骤会造成数据丢失，并造成报警。（   ）

53. 当系统主板的热敏电阻检测到系统温升异常时，会发出过热报警，显示报警 700。（   ）

54. 返回参考点过程中，当开始点距参考点过近时，不会出现 90#报警。（   ）

55. 若编码器与伺服模块之间通信错误，数据不能正常传送，会出现 3n1～3n6（绝对编码器故障）报警。（   ）

56. 绝对脉冲编码器的位置由电池保存，电池电压低有可能丢失数据，因此，当系统检测到电池电压低时，会出现 3n7 和 3n8（绝对脉冲编码器电池电压低）报警。（   ）

57. 电动机或伺服放大器过热时发出 SV400#、SV402#（过载）报警。（   ）

58. 85#报警指的是从外部设备读入数据时，串行通信数出现溢出错误，输入数据不符或传送速度不匹配。（   ）

（二）**选择题**（将正确答案的序号填入括号内）

1. 工件的机械加工质量包括加工精度和（　　）两个方面。
   A. 表面质量　　B. 表面粗糙度　　C. 几何精度　　D. 尺寸精度

2. 工件车削后的实际几何参数与理想几何参数的偏离程度称为（　　）误差。
   A. 定位　　B. 基准位移　　C. 加工　　D. 设计

3. 由于采用（　　）的加工方法而产生的误差称为原理误差。
   A. 定位　　B. 近似　　C. 一次装夹　　D. 多次装夹

4. 基准位移误差与基准不符误差构成了工件的（　　）误差。
   A. 装夹　　B. 定位　　C. 夹紧　　D. 加工

5. 装夹加工薄弱工件时，在夹紧力的作用下会产生很大的（　　）变形。
   A. 塑性　　B. 弹性　　C. 永久　　D. 固定

6. 一夹一顶车削细长工件时，尾座顶尖顶力过大会使工件产生轴线（　　）误差。
   A. 圆度　　B. 圆柱度　　C. 直线度　　D. 平行度

7. 机床结构不对称及不均匀受热后，会使其产生不均匀的热变形。车床的主要摩擦热源是（　　）。
   A. 导轨　　B. 主轴箱　　C. 尾座　　D. 床鞍

8. （　　）时效处理是利用气温的自然变化，经过多次热胀冷缩，使工件金属内部不平衡的金相组织产生微观滑移而趋于平衡，从而达到减小或消除残余应力的目的。

　　A. 自然　　　　B. 人工　　　　C. 振动　　　　D. 加热

9. 检验主轴（　　）的方法是把指示表固定在机床上，使其测头垂直触及圆柱（圆锥）轴颈表面。沿主轴轴线加力 $F$，旋转主轴进行检验，指示表读数的最大差值就是该项目的误差。

　　A. 轴向窜动　　　　　　　　　　B. 轴肩支承面的圆跳动

　　C. 定心轴颈的径向圆跳动　　　　D. 定心轴颈的轴向圆跳动

10. 车削端面时，（　　）误差会影响工件的平面度和垂直度。

　　A. 主轴轴线对溜板移动的平行度　　B. 小刀架移动对主轴轴线的平行度

　　C. 横刀架移动对主轴轴线的垂直度　D. 溜板移动在水平面内的直线度

11. 由于摩擦片（　　），当主轴处于运转常态时，摩擦片没完全被压紧，因此一旦受到切削力的影响或当切削力较大时，会产生摩擦片打滑，造成"闷车"现象。

　　A. 磨损　　　B. 之间间隙太大　　C. 之间间隙过小　　D. 碎裂

12. 调整后的中滑板丝杠与螺母的间隙，应使中滑板手柄转动灵活，正反转之间的空程量在（　　）r 之内。

　　A. 1　　　　B. 1/2　　　　C. 1/5　　　　D. 1/20

13. 溜板箱移动在水平面内的直线度误差应在公差范围内，并且只允许向操作者方向（　　），以便补偿切削时的弹性变形。

　　A. 平直　　　B. 凹　　　　C. 凸　　　　D. 曲线

14. 主轴和尾座两顶尖的高度应该满足（　　）。

　　A. 主轴的顶尖高于尾座的顶尖　　B. 主轴的顶尖低于尾座的顶尖

　　C. 主轴的顶尖与尾座的顶尖等高　D. 都可以

15. 丝杠的轴向窜动会影响蜗杆的（　　）精度。

　　A. 轴向齿距　　B. 法向齿距　　C. 牙型角　　D. 模数

16. 卧式车床纵向导轨的平面度误差，会导致床鞍沿床身移动时发生倾斜，引起车刀刀尖的偏移，使工件产生（　　）误差。

　　A. 圆柱度　　B. 圆度　　　C. 平面度　　D. 直线度

17. 卧式车床纵向导轨在垂直平面内的直线度误差，在车削内、外圆时会使刀具在纵向移动过程中的高低位置发生变化，从而影响工件素线的（　　）误差。

　　A. 圆柱度　　B. 圆度　　　C. 平面度　　D. 直线度

18. 在调整转速或进给量时，若扳动手柄的过程中发现有严重的齿轮撞击声，是（　　）的缘故。

　　A. 微动开关失灵　　　　　　B. 机械传动发生故障

　　C. 微动开关接触时间太长　　D. 起动开关失灵

19. 车内、外圆时，机床（　　）超差，对工件素线的直线度影响较大。

　　A. 车身导轨的平行度误差

　　B. 溜板移动在水平面内的直线度误差

　　C. 车床导轨在垂直平面内的直线度误差

　　D. 车床导轨在垂直平面内的平行度误差

20. 在车床上加工工件的端面时，刀架横向移动对主轴回转轴线的垂直度误差超差将造成（　　）。

A. 加工表面对定位基准的圆跳动误差

B. 加工表面对定位基准的垂直度误差

C. 加工表面的平面度误差

D. 加工表面的表面粗糙度值过大

21. FANUC-0i 常见报警中的 P/S00# 报警，其故障原因为（　　）。

A. 设定了重要参数　　　　　　　B. 设置了写保护

C. 系统断电　　　　　　　　　　D. 无法确定

22. P/S101# 报警的恢复方法是（　　）。

A. 在 MDI 模式下，将写保护设置为 PWE=0

B. 系统断电，按着"DELETE"键，再给系统通电

C. 将写保护设置为 PWE=1，按"RESET"键消除报警

D. 重新设定参数

23. 出现 SV400#（过载）报警说明机床（　　）轴发生了过载。

A. 第二　　　B. 第三　　　C. 第四　　　D. 第五

（三）计算题

检验一台导轨长度为 1600mm 的卧式车床，用尺寸为 200mm×200mm、分度值为 0.02mm/1000mm 的框式水平仪分八段测量，采用绝对读数法，水平仪读数为 +1、+2、+1、0、-1、0、-1、-0.5，试计算导轨在垂直平面内的直线度误差。

（四）简答题

1. 什么是加工精度？它包括哪些方面的内容？

2. 车削加工中控制尺寸精度的方法有哪几种？

3. 什么叫装夹误差？它包括哪两方面误差？

4. 车床床身导轨误差对加工后的工件有什么影响？

5. 什么是工艺系统？什么是工艺系统刚度？

6. 减小工艺系统受力变形误差的主要措施有哪些？

7. 什么是表面粗糙度？它对工件的性能有什么影响？

8. 影响工件表面粗糙度的主要因素有哪些？

9. 什么是机床的几何精度？为什么要检验机床的几何精度？

10. 什么是车床的工作精度？为什么要检验车床的工作精度？

11. 车床经大修后，须进行工作精度试验。工作精度试验项目有哪几方面？其目的是什么？

12. 试分析开机时主轴不起动，切削时主轴转速自动降低或自动停机的故障原因。

13. 试分析车床在车削过程中，主轴箱温升过高，引起车床热变形的故障原因。

14. 尾座套筒锥孔中心线对溜板移动的平行度误差如何检验？

15. 丝杠的轴向窜动对加工螺纹及蜗杆有什么影响？

16. 分析产生 SV4n1（运动中误差过大）报警的故障原因及处理方法。

17. 分析产生 ALM910/911 RAM（奇偶校验）报警的故障原因及处理方法。

## 四、参考答案及解析

### （一）判断题

1. √  2. ×  3. √  4. √  5. ×  6. ×  7. √  8. √  9. √  10. √
11. √  12. ×  13. √  14. √  15. √  16. ×  17. ×  18. ×  19. √  20. √
21. ×  22. √  23. √  24. √  25. √  26. √  27. √  28. √  29. ×  30. √
31. ×  32. ×  33. ×  34. √  35. √  36. √  37. √  38. √  39. ×  40. √
41. ×  42. √  43. √  44. √  45. √  46. ×  47. ×  48. ×  49. √  50. √
51. √  52. √  53. √  54. ×  55. √  56. √  57. √  58. √

### （二）选择题

1. A  2. C  3. B  4. B  5. B  6. C  7. B  8. A  9. C  10. C
11. B  12. D  13. C  14. C  15. A  16. A  17. D  18. C  19. B  20. C
21. A  22. B  23. A

### （三）计算题

解：已知水平仪分度值为 0.02mm/1000mm，在导轨上测量的读数为 +1、+2、+1、0、-1、0、-1、-0.5。按水平仪读数画出曲线图（图 6-17）。由曲线图可知，导轨在全长范围内呈现出中间凸的状态，且凸起值位于导轨 600mm 长度处。根据公式将水平仪测量的偏差格数换算成标准的直线度误差值

$$\delta = niL = 3.5 \times \frac{0.02\text{mm}}{1000\text{mm}} \times 200\text{mm} = 0.014\text{mm}$$

答：该车床导轨在垂直平面内的直线度误差为 0.014mm。

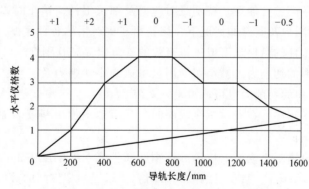

图 6-17　导轨在垂直平面内的直线度误差曲线图

### （四）简答题

1. 答：在车削加工中，由于各种因素的影响，刀具和工件间的正确位置会发生变化，使工件加工后的实际几何参数（尺寸、形状和位置）与理想几何参数的符合程度称为加工精度。

零件的加工精度有以下主要内容：

1）尺寸精度是指加工表面的尺寸（如孔径、轴径、长度等）及加工表面到基面的尺寸（如孔到基面、面到面的距离）精度。

2）几何形状精度是指加工表面的宏观几何形状（如圆度、圆柱度、平面度等）精度。

3）相对位置精度是指加工表面与其他表面的相对位置（如平行度、垂直度、同轴度等）精度。

2．答：车削加工中控制尺寸精度的方法有以下几种：

（1）定尺寸刀具法　加工表面的尺寸由刀具的相应尺寸保证，如钻孔、铰孔、攻螺纹、套螺纹等加工方法。

（2）试切法　车削加工时，先按确定的转速、进给量在工件上试切一小部分，接着根据测量结果调整刀具位置，然后再试切→测量→调整，直至加工尺寸符合要求后，再正式切削全部加工表面。

（3）定程法　采用定程挡块、靠模、行程开关及指示表来确定开始加工到加工结束时刀具与工件的相对位置，使同一批零件的加工尺寸一致。

3．答：工件在装夹过程中产生的误差称为装夹误差。

装夹误差包括夹紧误差及定位误差，定位误差又包含基准位移误差和基准不符误差。

4．答：车床床身导轨的误差直接影响工件的形状及位置误差。车削内、外圆时，卧式车床纵向导轨在垂直平面内的直线度误差，使刀具纵向移动过程中的高低位置发生变化，影响了工件素线的直线度。纵向导轨的平面度误差会导致床鞍沿床身移动时发生倾斜，引起车刀刀尖的偏移，使工件产生圆柱度误差。

5．答：机床、夹具、刀具和工件在加工时形成一个统一的整体，称为工艺系统。

工艺系统在外力作用下产生的变形（含微量位移）总量，不但取决于外力的大小和作用位置，还取决于工艺系统抵抗变形的能力。这种由弹性系统的构成和配合状态决定的整体抵抗变形的能力，称为工艺系统的刚度。

6．答：减小工艺系统受力变形误差的主要措施有以下几方面：

1）工件分粗、精车进行加工。特别是对薄壁及细长工件，精车时以较小的背吃刀量及进给量，在较小的切削力及变形的情况下，修正粗车中产生的各种误差。

2）减小刀具、工件的悬伸长度或进行有效的支承以提高其刚度，可减少变形及振动。

3）减小产生变形的切削力。减小切削用量可以减小切削力及变形；改变刀具角度及加工方法，减小变形方向的切削力也可取得良好效果。

4）合理安排工序顺序。在安排工序顺序时，尽可能不加工断续表面，如先车平面，后在平面上钻孔。

5）调整和提高机床部件刚度。机床部件刚度在工艺系统刚度中常占较大比重，机床工作时，一方面调整机床部件，减小或消除配合间隙，以提高零件间的接触刚度；另一方面可根据加工条件采用一些辅助装置使相关部件的刚度得到提高。

7．答：加工后的表面总存在着许多高低不平，具有较小间距的峰谷，它们的微观几何特性称为表面粗糙度。

表面粗糙度对机械零件的耐磨性、耐蚀性、疲劳强度和零件配合的可靠性都有很大的影响。减小表面粗糙度值是提高表面加工质量的主要方面。

8．答：影响工件表面粗糙度的主要因素有以下几方面：

（1）残留面积　已加工表面是由刀具主、副切削刃切削后形成的。两条切削刃会在已加工表面上留下痕迹，这些残留在已加工表面上的一些未被切去部分的面积，称为残留面积。残留面积越大，高度越高，表面粗糙度值越大。

(2) 积屑瘤　积屑瘤既不规则又不稳定，一方面其不规则部分会代替切削刃进行切削，留下深浅不一的痕迹；另一方面，一部分脱落的积屑瘤会嵌入工件的已加工表面，使之形成毛刺和硬点，导致表面粗糙度值增大。

(3) 鳞刺　鳞刺是在已加工表面上形成的与切削速度方向近似垂直的横向裂纹，并有鳞片状的毛刺出现，鳞刺的产生可使表面粗糙度值增大 2~4 级。

(4) 振动　车削时，刀具、工件或机床部件产生周期性振动，会使工件的已加工表面上出现条痕或布纹状痕迹，使表面粗糙度值显著增大。

9. 答：机床几何精度是指机床某些基础零件本身的几何形状精度、相互位置精度及其相对运动的精度。

车床的几何精度是保证工件加工精度的基本条件，因此，必须对机床几何精度进行检验。

10. 答：车床的工作精度是指车床在运动状态下和切削力作用下的精度，也是各种因素对加工精度影响的综合反映。

由于车床在实际工作状态下有一系列因素会影响其加工精度，因此车床的几何精度只能在一定程度上反映机床的加工精度，所以必须对车床的工作精度进行检验。

11. 答：车床经大修后，所进行的工作精度试验项目及其目的如下：

(1) 精车外圆试验　目的是检查车床在正常工作温度下，主轴轴线与溜板移动方向是否平行，主轴的旋转精度是否合格。

(2) 精车端面试验　目的是检查车床在正常工作温度下，刀架横向移动对主轴轴线的垂直度和横向导轨的直线度。

(3) 精车螺纹试验　目的是检查车床在正常工作温度下，车削加工螺纹时，其传动系统的准确性。

(4) 车槽（切断）试验　目的是检查车床主轴系统及刀架系统的抗振性能，检查主轴部件的装配质量、主轴旋转精度、溜板刀架系统刮研配合的接触质量及配合间隙调整得是否合适。

12. 答：故障产生的原因有以下几方面：

1) 摩擦片磨损或碎裂。当机床切削载荷超过调整好的摩擦片所传递的转矩时，摩擦片之间就会产生相对滑动现象，其表面很容易被拖研出较深的沟痕，使摩擦片表面的渗碳淬硬层逐渐磨损直至全部磨掉，造成离合器失去传递转矩的应有效能，影响主轴起动或正常运转。

2) 摩擦片打滑。由于摩擦片之间间隙太大，当主轴处于运转常态时，摩擦片没有完全被压紧，一旦受到切削力的影响或当切削力较大时，主轴就会停止正常运转，产生摩擦片打滑，造成"闷车"现象。

3) 主轴箱外变速手柄定位不牢靠，当主轴受到切削力作用时，啮合齿轮可能发生轴向位移而脱离正常啮合位置，使主轴停止转动。

4) 电动机 V 带过松，使 V 带与带轮槽之间的摩擦力减小，当主轴受到切削力作用时，容易造成 V 带与带轮槽之间滑动，使主轴转速降低或停止转动。

13. 答：故障产生的原因有以下几方面：

1) 主轴轴承间隙过小，在主轴高速运转及切削力作用下，使轴承间的摩擦力增大而产生摩擦热。

2）主轴轴承供油过少，使主轴前、后轴承运转时由于缺油润滑而造成干摩擦，导致主轴发热。

3）主轴在长期的全负荷车削中刚性降低而发生弯曲变形，造成传动不平稳，使接触部位产生摩擦而发热。

14. 答：检验方法如图6-18所示，将指示表磁性表座固定在溜板上，使指示表测头触及近尾座体端面的顶尖套上素线和侧素线（在位置 $a$ 检验垂直平面内的平行度；在位置 $b$ 检验水平面内的平行度），然后锁紧顶尖套，使尾座与溜板一起移动，在溜板全部行程上进行检验。分别计算 $a$、$b$ 两位置的误差，指示表在任意500mm行程上和全部行程上读数的最大差值，就是局部长度和全长上的平行度误差。

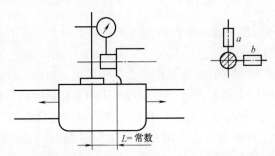

图6-18　尾座套筒锥孔中心线对溜板平行度误差的检验

15. 答：车削螺纹时，刀具随刀架纵向进给时将产生轴向窜动，影响被加工螺纹的螺距精度；同样，也会影响蜗杆的轴向齿距精度。

16. 答：当NC发出控制指令时，若伺服偏差计数器（DGN800～803）的偏差超过PRM504～507设定的值，则发出SV4n1报警。

故障原因：

1）发生报警时，观察机械侧是否发生了位置移动，在系统发出位置指令后，机械侧哪怕有很小的变化，也可能是由机械负载引起的；当没有发生移动时，应检查放大器。

2）当发生报警前有位置变化时，有可能是由机械负载过大或参数设定不正确引起的，应检查机械负载和相关参数（位置偏差极限、伺服环增益、加减速时间常数 PRM504～507 及 PRM518～521）。

3）若发生报警前机械位置没有发生任何变化，则应检查伺服放大器电路、轴卡，通过PMC检查伺服放大器电路是否断开。

4）检查伺服放大器和电动机之间的动力线是否断开。

处理方法：发生故障时，可以通过诊断 DGN800～803 来观察偏差情况，一般在给定指令的情况下，偏差计数器的数值取决于速度给定、位置环增益、检测单位。

17. 答：故障原因及处理方法如下：

1）印制电路板存储卡接触不良。发生该类报警时，首先关断系统电源，进行系统全清操作。方法是同时按住系统的"RESET"和"DELETE"键，再接通电源，此时系统将清除存储板中RAM的所有数据。若完成以上操作后，仍然不能清除存储器报警，则该故障可能是由于系统的RAM接触不良引起的，应更换新的存储卡或对该板进行维修。

2）由外界干扰引起数据报警。当执行系统 RAM 全清操作后，如果系统能进入正常状态（不再发生该报警），则可能是由外界干扰引起的，此时应检查系统整体地线和走线等，并采取有效的抗干扰措施。

3）存储器电池电压偏低。可以检查存储卡上的检查端子，检查电池电压。该电压正常情况下为 4.5V，若低于 3.6V 时，则可能会造成系统 RAM 存储报警。

4）电源单元异常。电源异常也可能引起该类报警，此时在进行系统全清操作后，报警即会消除。

# 第七部分

# 操作技能考核指导

## 操作技能1　车螺旋齿条轴套

1. 考件图样（图7-1）

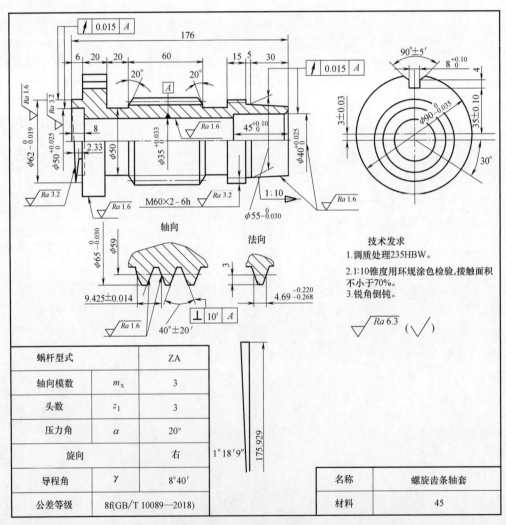

图7-1　螺旋齿条轴套

2. 准备要求

1) 考件材料为45热轧圆钢，锯断尺寸为 $\phi100mm \times 180mm$ 一根。

2) 钻孔、车蜗杆用切削液。

3) 检验锥度用显示剂。

4) 单动卡盘。

5) 相关工具、量具、刀具。

3. 考核内容

(1) 考核要求

1) 加工后考件应达到图样规定的尺寸精度、几何精度、表面粗糙度等要求。

2) 不准用磨石、砂布等辅助打光考件加工表面。

3) 不允许使用分度盘等工艺装备对蜗杆进行分头车削。

4) 不准使用专用偏心工具,但允许使用在考场内自制的偏心夹套(车制偏心夹套的时间包含在考核时间定额内)。

5) 不允许使用铰刀对孔进行铰削加工。

6) 不准使用靠模装置车削锥度。

7) 1°18′9″螺旋面及 $\phi 90_{-0.035}^{0}$ mm 外圆上的 $8_{0}^{+0.10}$ mm×4mm 直槽、90°±5′V 形槽不允许在其他工种机床上完成。

8) 未注公差尺寸按 IT12 公差等级加工。

9) 考件与图样严重不符的扣去考件的全部配分。

(2) 时间定额 7.5h(不含考前准备时间)。提前完工不加分,超时间定额 20min 在总评分中扣去 5 分,超 40min 扣去 10 分,超出 40min 未完成则停止考试。

(3) 安全文明生产

1) 正确执行安全技术操作规程。

2) 按企业有关文明生产的规定,做到工作地整洁,工件、工具、量具摆放整齐。

4. 配分与评分标准(表 7-1)

表 7-1 车螺旋齿条轴套配分与评分标准

| 序号 | 作业项目 | 配分 | 考核内容 | 评分标准 | 考核记录 | 扣分 | 得分 |
|---|---|---|---|---|---|---|---|
| 1 | 车蜗杆 | 5 分 | $\phi 65_{-0.030}^{0}$ mm | 超差 0.01mm 扣 3 分,超差 0.01mm 以上无分 | | | |
| | | 4 分 | (9.425±0.014)mm | 超差无分 | | | |
| | | 7 分 | $4.69_{-0.268}^{-0.220}$ mm | 超差无分 | | | |
| | | 4 分 | 40°±20′ | 超差无分 | | | |
| | | 2 分 | 60mm | 超差无分 | | | |
| | | 1.5 分 | $Ra1.6\mu m$(3 处) | 超差无分 | | | |
| 2 | 车外圆 | 2 分 | $\phi 62_{-0.019}^{0}$ mm | 超差无分 | | | |
| | | 1 分 | 2×$\phi$50mm | 超差无分 | | | |
| | | 0.5 分 | 6mm | 超差无分 | | | |
| | | 0.5 分 | 20mm | 超差无分 | | | |
| | | 1 分 | 径向圆跳动公差 0.015mm | 超差无分 | | | |
| | | 1 分 | $Ra1.6\mu m$ | 超差无分 | | | |
| | | 1 分 | $Ra3.2\mu m$(2 处) | 一处超差扣 0.5 分 | | | |

车工试题库（高级、技师、高级技师）

（续）

| 序号 | 作业项目 | 配分 | 考核内容 | 评分标准 | 考核记录 | 扣分 | 得分 |
|---|---|---|---|---|---|---|---|
| 3 | 车偏心外圆 | 5分 | $\phi 90_{-0.035}^{0}$ mm | 超差 0.01mm 扣 2 分，超差 0.01mm 以上无分 | | | |
| | | 3分 | $(3\pm 0.03)$ mm | 超差±0.01mm 扣 2 分，超差±0.01mm 以上无分 | | | |
| | | 1分 | 20mm | 超差无分 | | | |
| | | 0.5分 | $Ra1.6\mu m$ | 超差无分 | | | |
| | | 1分 | $Ra6.3\mu m$（2处） | 一处超差扣 0.5 分 | | | |
| 4 | 车圆锥面 | 3分 | $\phi 55_{-0.030}^{0}$ mm | 超差 0.01mm 扣 2 分，超差 0.01mm 以上无分 | | | |
| | | 4分 | 涂色检查，接触面积不小于70% | 接触面积为 60%~69% 扣 2 分，小于 60% 无分 | | | |
| | | 1分 | 30mm | 超差无分 | | | |
| | | 2分 | 径向圆跳动公差 0.015mm | 超差无分 | | | |
| | | 1分 | $Ra1.6\mu m$ | 超差无分 | | | |
| 5 | 车内孔 | 3分 | $\phi 35_{0}^{+0.033}$ mm | 超差 0.01mm 扣 2 分，超差 0.01mm 以上无分 | | | |
| | | 3分 | $\phi 40_{0}^{+0.025}$ mm | 超差 0.01mm 扣 2 分，超差 0.01mm 以上无分 | | | |
| | | 3分 | $\phi 50_{0}^{+0.025}$ mm | 超差 0.01mm 扣 2 分，超差 0.01mm 以上无分 | | | |
| | | 2分 | $\phi 45_{0}^{+0.10}$ mm | 超差无分 | | | |
| | | 0.5分 | 8mm | 超差无分 | | | |
| | | 2分 | 径向圆跳动公差 0.015mm（2处） | 超差无分 | | | |
| | | 2分 | $Ra1.6\mu m$（2处） | 超差无分 | | | |
| | | 0.5分 | $Ra3.2\mu m$ | 超差无分 | | | |
| 6 | 车螺纹 | 3分 | M60×2-6h | 超差无分 | | | |
| | | 1分 | 15mm | 超差无分 | | | |
| | | 0.5分 | $Ra3.2\mu m$ | 超差无分 | | | |
| 7 | 车V形槽 | 3分 | 90°±5′ | 超差无分 | | | |
| | | 1分 | 4mm | 超差无分 | | | |
| | | 3分 | $8_{0}^{+0.10}$ m | 超差无分 | | | |
| | | 2分 | $(35\pm 0.10)$ mm | 超差无分 | | | |
| | | 5分 | $Ra6.3\mu m$（5处） | 一处超差扣 1 分 | | | |
| 8 | 车螺旋面 | 6分 | 1°18′9″螺旋面 | 超差无分 | | | |
| | | 3分 | 2.33mm | 超差无分 | | | |
| | | 1分 | $Ra3.2\mu m$ | 超差无分 | | | |
| 9 | 车长度及倒角 | 1分 | 176mm | 超差无分 | | | |
| | | 2分 | $Ra6.3\mu m$（2处） | 一处超差扣 1 分 | | | |
| | | 0.5分 | 倒角 | 超差无分 | | | |

(续)

| 序号 | 作业项目 | 配分 | 考核内容 | 评分标准 | 考核记录 | 扣分 | 得分 |
|---|---|---|---|---|---|---|---|
| 10 | 安全文明生产 | | 遵守安全操作规程,正确使用工具、量具,操作现场整洁 | 按达到规定的标准程度评定,一项不符合要求在总分中扣 2.5 分 | | | |
| | | | 安全用电,防火,无人身设备事故 | 因违规操作而引发重大人身设备事故,此卷按 0 分计算 | | | |
| 合计 | | 100 分 | | | | | |

# 操作技能 2　车锥体

1. 考件图样（图 7-2）

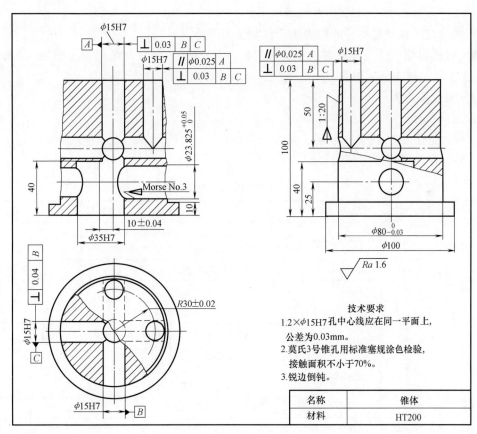

图 7-2　锥体

2. 准备要求
1) 考件材料为 HT200 铸件,毛坯尺寸如图 7-3 所示。
2) 钻孔、铰孔用切削液。
3) 检验锥度用显示剂。
4) 装夹精度较高的单动卡盘。

5) 相关工具、量具、刀具。

3. 考核内容

(1) 考核要求

1) 加工后考件应达到图样规定的尺寸精度、几何精度、表面粗糙度等要求。

2) 不准使用磨石、砂布等辅助打光考件加工表面。

3) 允许使用铰刀对 $\phi 15H7$ 孔进行铰削加工。

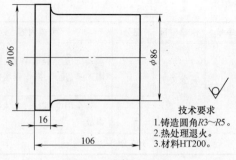

图 7-3 锥体毛坯图

4) 不允许使用靠模工具及锥度铰刀对圆锥面进行加工。

5) 允许将工件装夹在花盘、角铁上使用其他辅助工具加工,但不允许使用分度盘等工艺装备加工。

6) 未注公差尺寸按 IT12 公差等级加工。

7) 考件与图样严重不符的扣去该考件的全部配分。

(2) 时间定额　7h(不含考前准备时间)。提前完工不加分,超时间定额 20min 在总评分中扣去 5 分,超 40min 扣去 10 分,超出 40min 未完成则停止考试。

(3) 安全文明生产

1) 正确执行安全技术操作规程。

2) 按企业有关文明生产的规定,做到工作地整洁,工件、工具、量具摆放整齐。

4. 配分与评分标准(表 7-2)

表 7-2　车锥体配分与评分标准

| 序号 | 作业项目 | 配分 | 考核内容 | 评分标准 | 考核记录 | 扣分 | 得分 |
|---|---|---|---|---|---|---|---|
| 1 | 车外圆 | 6 分 | $\phi 80_{-0.03}^{0}$mm | 超差 0.01mm 扣 2 分,超差 0.01mm 以上无分 | | | |
| | | 2 分 | $\phi 100$mm | 超差无分 | | | |
| | | 2 分 | 10mm | 超差无分 | | | |
| | | 2 分 | $Ra1.6\mu m$(2 处) | 一处超差扣 1 分 | | | |
| 2 | 车内孔 | 30 分 | $\phi 15H7$(5 处) | 每处超差 0.01mm 扣 2 分,超差 0.01mm 以上扣 6 分 | | | |
| | | 6 分 | $\phi 35H7$mm | 超差 0.01mm 扣 2 分,超差 0.01mm 以上无分 | | | |
| | | 5 分 | $R(30\pm 0.02)$mm | 超差无分 | | | |
| | | 4 分 | $(10\pm 0.04)$mm | 超差无分 | | | |
| | | 2 分 | 40mm(2 处) | 超差无分 | | | |
| | | 1 分 | 25mm | 超差无分 | | | |
| | | 1 分 | 50mm | 超差无分 | | | |
| | | 6 分 | $2\times\phi 15H7$ 孔中心线在同一平面上,公差为 0.03mm | 超差无分 | | | |
| | | 3 分 | 垂直度公差 0.03mm(3 处) | 超差无分 | | | |

（续）

| 序号 | 作业项目 | 配分 | 考核内容 | 评分标准 | 考核记录 | 扣分 | 得分 |
|---|---|---|---|---|---|---|---|
| 2 | 车内孔 | 2分 | 平行度公差 $\phi0.025$mm（2处） | 一处超差扣1分 | | | |
| | | 1分 | 垂直度公差 0.04mm | 超差无分 | | | |
| | | 6分 | $Ra1.6\mu m$（6处） | 超差无分 | | | |
| 3 | 车锥体、锥孔 | 5分 | 1:20 | 超差无分 | | | |
| | | 6分 | 莫氏3号锥孔用标准塞规涂色检验，接触面积不小于70% | 接触面积为60%~69%扣2分，小于60%无分 | | | |
| | | 6分 | $\phi23.825^{+0.05}_{0}$mm | 超差无分 | | | |
| | | 2分 | $Ra1.6\mu m$（2处） | 超差无分 | | | |
| 4 | 车长度 | 2分 | 100mm | 超差无分 | | | |
| 5 | 安全文明生产 | | 遵守安全操作规程，正确使用工具、量具，操作现场整洁 | 按达到规定的标准程度评定，一项不符合要求在总分中扣2.5分 | | | |
| | | | 安全用电，防火，无人身设备事故 | 因违规操作而引发重大人身设备事故，此卷按0分计算 | | | |
| | 合计 | 100分 | | | | | |

# 操作技能3  车模板

## 1. 考件图样（图7-4）

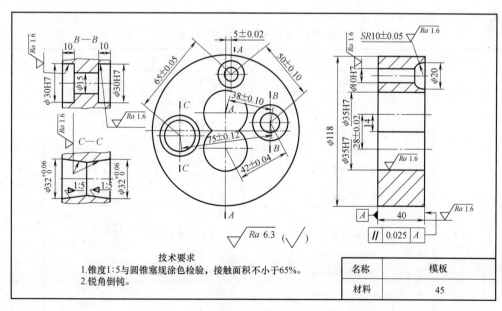

图7-4  模板

## 2. 准备要求

1) 考件材料为45热轧圆钢，锯断尺寸为 $\phi120$mm×44mm 一根。

2) 钻孔、铰孔用切削液。
3) 检验锥度用显示剂。
4) 装夹精度较高的单动卡盘。
5) 相关工具、量具、刀具。

3. 考核内容

(1) 考核要求

1) 加工后考件应达到图样规定的尺寸精度、几何精度、表面粗糙度等要求。
2) 不准使用砂布等对考件进行修整加工。
3) 可以装夹在花盘、角铁上使用辅助工具加工各偏心孔,但不允许使用专用工艺装备装夹加工。
4) 不允许用靠模装置车削锥度 1:5。
5) 允许使用成形车刀车削 $SR(10±0.05)$ mm 内圆弧。
6) 允许使用铰刀对 $\phi 10H7$ 孔进行铰削加工。
7) 允许在 $\phi 35H7$ 孔内装入工艺心轴后车削另一偏心孔 $\phi 35H7$,但不允许铰削加工。
8) 未注公差尺寸按 IT12 公差等级加工。
9) 考件与图样严重不符的扣去考件的全部配分。

(2) 时间定额  8h(不含考前准备时间)。提前完工不加分,超时间定额 20min 在总评分中扣去 5 分,超 40min 扣去 10 分,超出 40min 未完成则停止考试。

(3) 安全文明生产

1) 正确执行安全技术操作规程。
2) 按企业有关文明生产的规定,做到工作地整洁,工件、工具、量具摆放整齐。

4. 配分与评分标准(表 7-3)

表 7-3  车模板配分与评分标准

| 序号 | 作业项目 | 配分 | 考核内容 | 评分标准 | 考核记录 | 扣分 | 得分 |
|---|---|---|---|---|---|---|---|
| 1 | 车外圆 | 2 分 | $\phi 118$mm | 超差无分 | | | |
| | | 2 分 | $Ra1.6\mu m$(2 处) | 一处超差扣 1 分 | | | |
| 2 | 车内孔 | 10 分 | $\phi 35H7$mm(2 处) | 一处超差 0.01mm 扣 2 分,超差 0.01mm 以上扣 5 分 | | | |
| | | 10 分 | $\phi 30H7$mm(2 处) | 一处超差 0.01mm 扣 2 分,超差 0.01mm 以上扣 5 分 | | | |
| | | 5 分 | $\phi 10H7$mm | 超差无分 | | | |
| | | 2 分 | $\phi 15$mm | 超差无分 | | | |
| | | 2 分 | 10mm(2 处) | 一处超差 0.02mm 扣 1 分 | | | |
| | | 4 分 | $(65±0.05)$mm | 超差无分 | | | |
| | | 3 分 | $(50±0.10)$mm | 超差无分 | | | |
| | | 4 分 | $(42±0.04)$mm | 超差无分 | | | |
| | | 5 分 | $(75±0.12)$mm | 超差无分 | | | |
| | | 3 分 | $(38±0.10)$mm | 超差无分 | | | |
| | | 4 分 | $(5±0.02)$mm | 超差无分 | | | |
| | | 5 分 | $Ra1.6\mu m$(5 处) | 一处超差扣 1 分 | | | |

(续)

| 序号 | 作业项目 | 配分 | 考核内容 | 评分标准 | 考核记录 | 扣分 | 得分 |
|---|---|---|---|---|---|---|---|
| 3 | 车锥孔 | 12分 | $\phi32^{+0.06}_{0}$ mm（2处） | 一处超差0.01mm扣2分，超差0.01mm以上扣6分 | | | |
| | | 12分 | 1:5锥度用圆锥塞规涂色检验，接触面积不小于65%（2处） | 一处超差扣6分 | | | |
| | | 2分 | $Ra1.6\mu m$（2处） | 一处超差扣1分 | | | |
| 4 | 车内圆弧 | 4分 | $SR(10\pm0.05)$ mm | 超差无分 | | | |
| | | 2分 | $\phi20$mm | 超差无分 | | | |
| | | 2分 | $Ra1.6\mu m$（2处） | 一处超差扣1分 | | | |
| 5 | 车长度 | 2分 | 40mm | 超差无分 | | | |
| | | 2分 | 平行度公差0.025mm | 超差无分 | | | |
| | | 1分 | $Ra1.6\mu m$ | 超差无分 | | | |
| 6 | 安全文明生产 | | 遵守安全操作规程，正确使用工具、量具，操作现场整洁 | 按达到规定的标准程度评定，一项不符合要求在总分中扣2.5分 | | | |
| | | | 安全用电，防火，无人身设备事故 | 因违规操作而引发重大人身设备事故，此卷按0分计算 | | | |
| 合计 | | 100分 | | | | | |

## 操作技能4　车滚珠丝杠

**1. 考件图样（图7-5）**

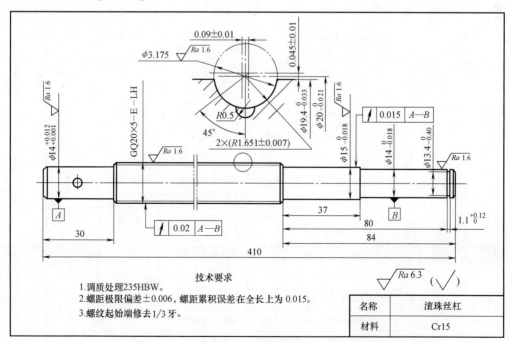

图7-5　滚珠丝杠

## 2. 准备要求

1) 考件材料为 Cr15 热轧圆钢,锯断尺寸为 φ28mm×415mm 一根,并经调质处理。
2) 车螺纹用切削液。
3) 相关工具、量具、刀具。

## 3. 考核内容

(1) 考核要求

1) 加工后考件应达到图样规定的尺寸精度、几何精度、表面粗糙度等要求。
2) 不允许用锉刀、砂布等对考件进行修整加工。
3) 允许使用专用成形车刀对丝杠进行车削加工。
4) 未注公差尺寸按 IT12 公差等级加工。
5) 考件与图样严重不符的扣去考件的全部配分。

(2) 时间定额 7h(不含考前准备时间)。提前完工不加分,超时间定额 20min 在总评分中扣去 5 分,超 40min 扣 10 分,超出 40min 未完成则停止考试。

(3) 安全文明生产

1) 正确执行安全技术操作规程。
2) 按企业有关文明生产的规定,做到工作地整洁,工件、工具、量具摆放整齐。

## 4. 配分与评分标准(表 7-4)

表 7-4 车滚珠丝杠配分与评分标准

| 序号 | 作业项目 | 配分 | 考核内容 | 评分标准 | 考核记录 | 扣分 | 得分 |
|---|---|---|---|---|---|---|---|
| 1 | 车外圆、沟槽 | 6 分 | $\phi15_{-0.018}^{0}$ mm | 超差 0.01mm 扣 2 分,超差 0.01mm 以上无分 | | | |
| | | 6 分 | $\phi14_{-0.018}^{0}$ mm | 超差 0.01mm 扣 2 分,超差 0.01mm 以上无分 | | | |
| | | 6 分 | $\phi14_{+0.001}^{+0.012}$ mm | 超差 0.01mm 扣 2 分,超差 0.01mm 以上无分 | | | |
| | | 3 分 | $\phi13.4_{-0.40}^{0}$ mm | 超差无分 | | | |
| | | 6 分 | $1.1_{0}^{+0.12}$ mm | 超差无分 | | | |
| | | 8 分 | 37mm、80mm、84mm、30mm | 一处超差扣 2 分 | | | |
| | | 2 分 | 径向圆跳动公差 0.015mm | 超差无分 | | | |
| | | 3 分 | $Ra1.6\mu m$(3 处) | 一处超差扣 1 分 | | | |
| 2 | 车滚珠丝杠 | 6 分 | $\phi20_{-0.021}^{0}$ mm | 超差 0.01mm 扣 2 分,超差 0.01mm 以上无分 | | | |
| | | 6 分 | $\phi19.4_{-0.033}^{0}$ mm | 超差 0.01mm 扣 2 分,超差 0.01mm 以上无分 | | | |
| | | 12 分 | $2\times(R1.651\pm0.007)$ mm | 超差无分 | | | |
| | | 2 分 | $\phi3.175$mm | 超差无分 | | | |
| | | 6 分 | $(0.09\pm0.01)$ mm | 超差无分 | | | |
| | | 6 分 | $(0.045\pm0.01)$ mm | 超差无分 | | | |
| | | 4 分 | 45°、$R0.5$mm | 超差无分 | | | |

(续)

| 序号 | 作业项目 | 配分 | 考核内容 | 评分标准 | 考核记录 | 扣分 | 得分 |
|---|---|---|---|---|---|---|---|
| 2 | 车滚珠丝杠 | 10分 | 螺距极限偏差±0.006mm，螺距累积误差在全长上为0.015mm | 超差无分 | | | |
| | | 3分 | 螺纹起始端修去1/3牙 | 超差无分 | | | |
| | | 2分 | 径向圆跳动公差0.02mm | 超差无分 | | | |
| | | 1分 | $Ra1.6\mu m$ | 超差无分 | | | |
| 3 | 车长度 | 2分 | 410mm | 超差无分 | | | |
| 4 | 安全文明生产 | | 遵守安全操作规程，正确使用工具、量具，操作现场整洁 | 按达到规定的标准程度评定，一项不符合要求在总分中扣2.5分 | | | |
| | | | 安全用电，防火，无人身设备事故 | 因违规操作而引发重大人身设备事故，此卷按0分计算 | | | |
| 合计 | | 100分 | | | | | |

## 操作技能5　车蜗杆多件套

### 1. 考件图样（图7-6～图7-11）

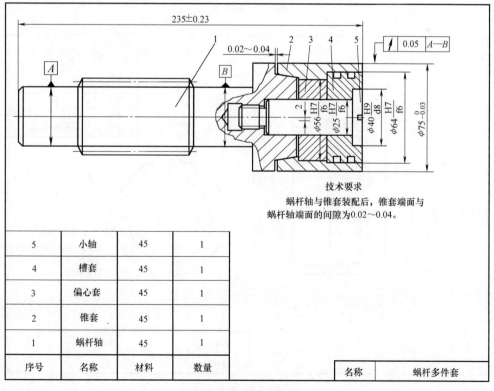

图7-6　蜗杆多件套

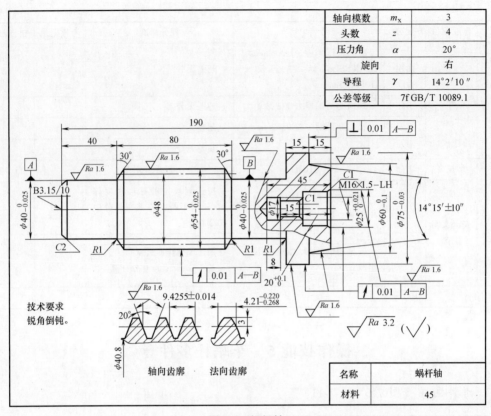

图 7-7 蜗杆轴

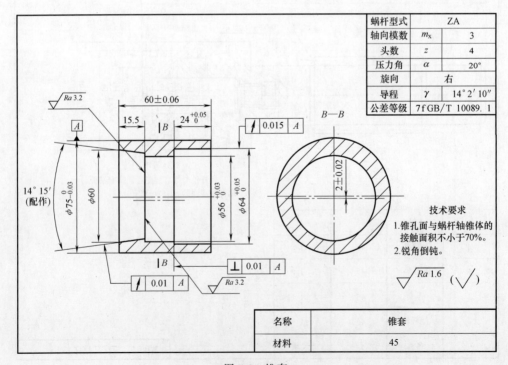

图 7-8 锥套

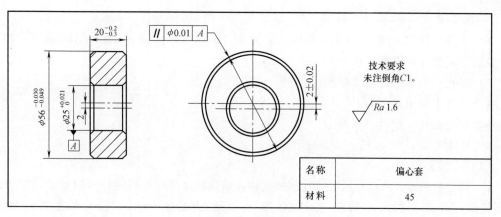

图 7-9 偏心套

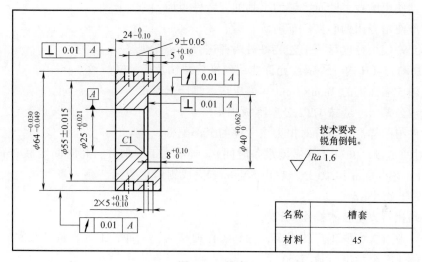

图 7-10 槽套

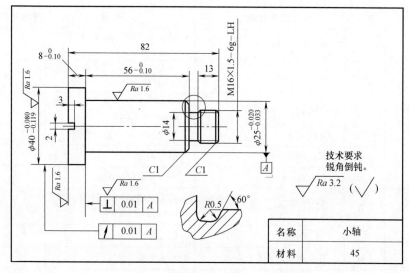

图 7-11 小轴

2. 准备要求

1) 考件材料为 45 热轧圆钢,锯断尺寸为 $\phi 80mm \times 350mm$ 和 $\phi 50mm \times 100mm$ 各一根。
2) 装夹精度较高的单动卡盘。
3) 钻孔、精车蜗杆用切削液。
4) 检查锥度用显示剂。
5) 相关工具、量具、刀具。

3. 考核内容

(1) 考核要求

1) 加工后各考件的尺寸精度、几何精度和表面粗糙度等应达到图样规定要求;组合后应达到装配图样规定的尺寸精度 $(235 \pm 0.23)$ mm 及 $0.02 \sim 0.04$mm;位置精度要求为锥套 $2\phi 75_{-0.03}^{0}$ mm 外圆对蜗杆轴 1 两端基准外圆公共轴线 $A$、$B$ 的径向圆跳动误差不大于 0.05mm。
2) 不准使用磨石、砂布等辅助工具加工考件表面。
3) 不准使用专用偏心夹具车削偏心圆。
4) 不允许使用分度盘等工艺装备对蜗杆进行分头车削。
5) M16×1.5-LH 内、外螺纹允许使用丝锥攻螺纹及板牙套螺纹。
6) 小轴 5 端面上的 2mm×3mm 沟槽应在本机床上车出。
7) 未注公差尺寸应按 IT12 公差等级加工。
8) 考件与图样严重不符的扣去该考件的全部配分。

(2) 时间定额  9h(不含考前准备时间)。提前完工不加分,超时间定额 25min 在总评分中扣 5 分,超 50min 扣 10 分,超出 50min 未完成则停止考试。

(3) 安全文明生产

1) 正确执行安全技术操作规程。
2) 按企业有关文明生产的规定,做到工作地整洁,工件、工具、量具摆放整齐。

4. 配分与评分标准(表 7-5)

表 7-5  车蜗杆多件套配分与评分标准

| 零件序号 | 作业项目 | 配分 | 考核内容 | 评分标准 | 考核记录 | 扣分 | 得分 |
|---|---|---|---|---|---|---|---|
| 1<br>蜗杆轴 | 车外圆 | 1.5 分 | $\phi 75_{-0.03}^{0}$ mm | 超差 0.01mm 扣 1 分,超差 0.01mm 以上无分 | | | |
| | | 1.5 分 | $\phi 40_{-0.025}^{0}$ mm(左) | 超差 0.01mm 扣 1 分,超差 0.01mm 以上无分 | | | |
| | | 1.5 分 | $\phi 40_{-0.025}^{0}$ mm(右) | 超差 0.01mm 扣 1 分,超差 0.01mm 以上无分 | | | |
| | | 0.5 分 | 40mm、15mm | 超差无分 | | | |
| | | 2 分 | 径向圆跳动公差 0.01mm | 超差无分 | | | |
| | | 1 分 | $Ra1.6\mu m$(3 处) | 一处超差扣 0.5 分 | | | |
| 2 | 车内孔 | 1 分 | $\phi 25_{0}^{+0.021}$ mm | 超差 0.01mm 扣 0.5 分,超差 0.01mm 以上无分 | | | |
| | | 0.5 分 | $20_{0}^{+0.1}$ mm | 超差无分 | | | |
| | | 2 分 | 径向圆跳动公差 0.01mm | 超差无分 | | | |
| | | 0.5 分 | $Ra1.6\mu m$ | 超差无分 | | | |

(续)

| 零件序号 | 作业项目 | 配分 | 考核内容 | 评分标准 | 考核记录 | 扣分 | 得分 |
|---|---|---|---|---|---|---|---|
| 蜗杆轴 | 3 车蜗杆 | 2分 | $\phi 54_{-0.025}^{0}$ mm | 超差0.01mm扣1分,超差0.01mm以上无分 | | | |
| | | 2分 | $(9.4255\pm0.014)$ mm | 超差0.01mm扣1分,超差0.01mm以上无分 | | | |
| | | 2分 | $4.21_{-0.268}^{-0.220}$ | 超差0.01mm扣1分,超差0.01mm以上无分 | | | |
| | | 0.5分 | $\phi 40.8$ mm | 超差无分 | | | |
| | | 0.5分 | 80mm | 超差无分 | | | |
| | | 1.5分 | 径向圆跳动公差0.01mm | 超差无分 | | | |
| | | 1分 | $Ra1.6\mu m$(齿顶圆) | 超差无分 | | | |
| | | 1.5分 | $Ra1.6\mu m$(齿面) | 一处超差扣1分 | | | |
| | 4 车圆锥 | 2分 | $\phi 75_{-0.03}^{0}$ mm | 超差0.01mm扣1分,超差0.01mm以上无分 | | | |
| | | 1分 | $14°15'\pm10''$ | 超差无分 | | | |
| | | 1分 | 径向圆跳动公差0.01mm | 超差无分 | | | |
| | | 1分 | 端面垂直度公差0.01mm | 超差无分 | | | |
| | | 0.5分 | $Ra1.6\mu m$ | 超差无分 | | | |
| | | 0.5分 | 15mm | 超差无分 | | | |
| | 5 车螺纹 | 1.5分 | M16×1.5-LH | 超差无分 | | | |
| | | 0.5分 | 15mm | 超差无分 | | | |
| | | 0.5分 | $Ra3.2\mu m$ | 超差无分 | | | |
| | 6 车内沟槽 | 0.5分 | $\phi 17$mm×8mm | 超差无分 | | | |
| | | 0.5分 | $Ra3.2\mu m$ | 超差无分 | | | |
| | 7 车长度、倒角 | 1.5分 | 190mm | 超差无分 | | | |
| | | 0.5分 | 倒角C2 | 超差无分 | | | |
| | | 0.5分 | $Ra3.2\mu m$ | 超差无分 | | | |
| 锥套 | 8 车外圆、长度 | 2分 | $\phi 75_{-0.03}^{0}$ mm | 超差0.01mm扣1分,超差0.01mm以上无分 | | | |
| | | 1分 | $(60\pm0.06)$ mm | 超差无分 | | | |
| | | 3分 | $Ra1.6\mu m$(3处) | 一处超差扣1分 | | | |
| | 9 车内孔 | 1分 | $\phi 64_{0}^{+0.05}$ mm | 超差无分 | | | |
| | | 1分 | $24_{0}^{+0.05}$ mm | 超差无分 | | | |
| | | 1分 | 径向圆跳动公差0.01mm | 超差无分 | | | |
| | | 1分 | 端面垂直度公差0.01mm | 超差无分 | | | |
| | | 1分 | $Ra1.6\mu m$(2处) | 一处超差扣0.5分 | | | |
| | 10 车圆锥孔 | 0.5分 | $\phi 60$mm | 超差扣0.5分 | | | |
| | | 2分 | 14°15'与蜗杆锥体接触面积不小于70% | 接触面积为60%~69%扣1分,小于60%不得分 | | | |

(续)

| 零件序号 | 作业项目 | 配分 | 考核内容 | 评分标准 | 考核记录 | 扣分 | 得分 |
|---|---|---|---|---|---|---|---|
| 锥套 | 10 车圆锥孔 | 0.5 分 | 15.5mm | 超差无分 | | | |
| | | 1 分 | 径向圆跳动公差 0.01mm | 超差无分 | | | |
| | | 0.5 分 | $Ra1.6\mu m$ | 超差无分 | | | |
| | | 0.5 分 | $Ra3.2\mu m$ | 超差无分 | | | |
| | 11 车偏心孔 | 1 分 | $\phi56^{+0.03}_{0}$ mm | 超差无分 | | | |
| | | 2 分 | $(2\pm0.02)$mm | 超差无分 | | | |
| | | 0.5 分 | $Ra1.6\mu m$ | 超差扣 0.5 分 | | | |
| | | 0.5 分 | $Ra3.2\mu m$ | 超差扣 0.5 分 | | | |
| 偏心套 | 12 车长度、外圆 | 2 分 | $\phi56^{-0.030}_{-0.049}$mm | 超差无分 | | | |
| | | 0.5 分 | $20^{0}_{-0.3}$ mm | 超差无分 | | | |
| | | 1.5 分 | $Ra1.6\mu m$(3 处) | 一处超差扣 0.5 分 | | | |
| | 13 车偏心孔 | 1 分 | $\phi25^{+0.021}_{0}$mm | 超差无分 | | | |
| | | 2 分 | $(2\pm0.02)$mm | 超差无分 | | | |
| | | 1 分 | 平行度公差 $\phi0.01$mm | 超差无分 | | | |
| | | 1 分 | $Ra1.6\mu m$ | 超差无分 | | | |
| | 14 倒角 | 1 分 | C1 | 一处超差扣 0.3 分直至扣完 | | | |
| 槽套 | 15 车外圆、长度 | 1 分 | $\phi64^{-0.030}_{-0.049}$mm | 超差无分 | | | |
| | | 0.5 分 | $24^{0}_{-0.10}$mm | 超差无分 | | | |
| | | 1 分 | 径向圆跳动公差 0.01mm | 超差无分 | | | |
| | | 1 分 | 端面垂直度公差 0.01mm | 超差无分 | | | |
| | | 1.5 分 | $Ra1.6\mu m$(3 处) | 一处超差扣 0.5 分直至扣完 | | | |
| | 16 车外沟槽 | 2 分 | $(\phi55\pm0.015)$mm | 超差无分 | | | |
| | | 2 分 | $2\times5^{+0.13}_{+0.10}$mm | 超差无分 | | | |
| | | 0.5 分 | $(9\pm0.05)$mm | 超差无分 | | | |
| | | 0.5 分 | $5^{+0.10}_{0}$mm | 超差无分 | | | |
| | | 2 分 | $Ra1.6\mu m$(2 槽) | 一处超差扣 1 分 | | | |
| | 17 车内孔 | 1 分 | $\phi40^{+0.062}_{0}$mm | 超差无分 | | | |
| | | 1 分 | $\phi25^{+0.021}_{0}$mm | 超差无分 | | | |
| | | 0.5 分 | $8^{+0.10}_{0}$mm | 超差无分 | | | |
| | | 0.5 分 | 径向圆跳动公差 0.01mm | 超差无分 | | | |
| | | 0.5 分 | 端面垂直度公差 0.01mm | 超差无分 | | | |
| | | 1.5 分 | $Ra1.6\mu m$(3 处) | 一处超差扣 0.5 分直至扣完 | | | |
| | 18 倒角 | 1 分 | 锐角倒钝 | 一处超差扣 0.25 分直至扣完 | | | |

(续)

| 零件序号 | 序号 | 作业项目 | 配分 | 考核内容 | 评分标准 | 考核记录 | 扣分 | 得分 |
|---|---|---|---|---|---|---|---|---|
| 小轴 | 19 | 车外圆 | 0.5 分 | $\phi 40_{-0.119}^{-0.080}$ mm | 超差无分 | | | |
| | | | 1 分 | $\phi 25_{-0.033}^{-0.020}$ mm | 超差无分 | | | |
| | | | 0.5 分 | $8_{-0.10}^{0}$ mm | 超差无分 | | | |
| | | | 0.5 分 | $56_{-0.10}^{0}$ mm | 超差无分 | | | |
| | | | 0.5 分 | 径向圆跳动公差 0.01mm | 超差无分 | | | |
| | | | 0.5 分 | 端面垂直度公差 0.01mm | 超差无分 | | | |
| | | | 1.5 分 | $Ra$1.6μm（3 处） | 一处超差扣 0.5 分直至扣完 | | | |
| | 20 | 车螺纹 | 1.5 分 | M16×1.5-6g-LH | 超差无分 | | | |
| | | | 0.5 分 | 13mm | 超差无分 | | | |
| | | | 0.5 分 | $Ra$3.2μm | 超差无分 | | | |
| | 21 | 车沟槽 | 1 分 | 2mm×3mm | 超差无分 | | | |
| | | | 1 分 | $\phi$14mm×5mm | 超差无分 | | | |
| | | | 2 分 | $Ra$3.2μm（2 处） | 超差无分 | | | |
| | 22 | 车长度、倒角 | 0.5 分 | 82mm | 超差无分 | | | |
| | | | 0.5 分 | $Ra$3.2μm | 超差无分 | | | |
| | | | 0.25 分 | $Ra$3.2μm | 超差无分 | | | |
| | | | 1.25 分 | $C1$、锐角倒钝 | 一处超差扣 0.25 分直至扣完 | | | |
| 蜗杆多件套 | 23 | 组合要求 | 1 分 | 外观无缺陷 | 不符合无分 | | | |
| | | | 2 分 | （235±0.23）mm | 超差无分 | | | |
| | | | 2 分 | 0.02～0.04 | 超差无分 | | | |
| | | | 1 分 | 径向圆跳动公差 0.05mm | 超差无分 | | | |
| | 24 | 安全文明生产 | | 遵守安全操作规程，正确使用工具、量具，操作现场整洁 | 按达到规定的标准程度评定，一项不符合要求在总分中扣 2.5 分 | | | |
| | | | | 安全用电，防火，无人身设备事故 | 因违规操作而引发重大人身设备事故，此卷按 0 分计算 | | | |
| | 合计 | | 100 分 | | | | | |

# 操作技能6 车十件双平面槽组合件

## 1. 考件图样（图7-12～图7-22）

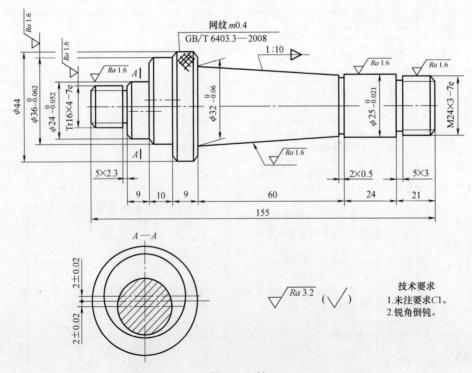

| 10 | 锯齿形螺纹螺母 | 45 | 1 |
| 9 | 螺旋面垫圈 | 45 | 1 |
| 8 | 螺纹锥套 | 45 | 1 |
| 7 | 圆弧端面槽内螺纹套 | 45 | 1 |
| 6 | 中间套 | 45 | 1 |
| 5 | 双端面槽套 | 45 | 1 |
| 4 | 锥套 | 45 | 1 |
| 3 | 梯形螺纹螺母 | 45 | 1 |
| 2 | 偏心套 | 45 | 1 |
| 1 | 轴 | 45 | 1 |
| 序号 | 名称 | 材料 | 数量 |

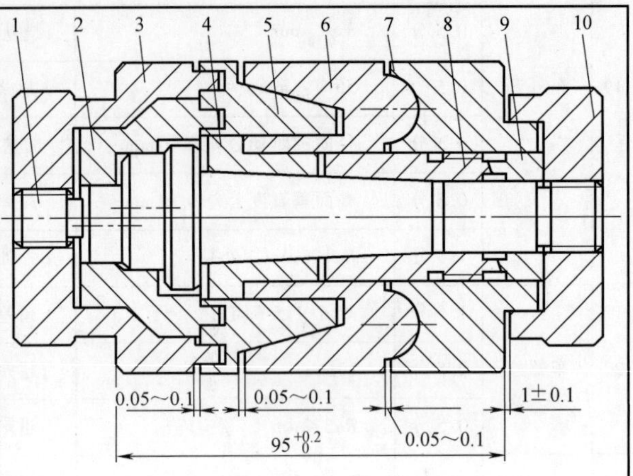

名称：十件双平面槽组合件

图7-12 十件双平面槽组合件

技术要求
1. 未注要求C1。
2. 锐角倒钝。

图7-13 轴

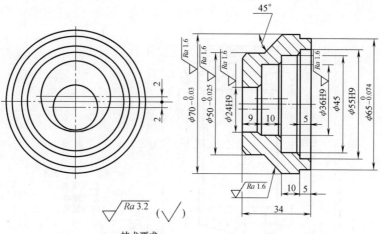

图 7-14 偏心套

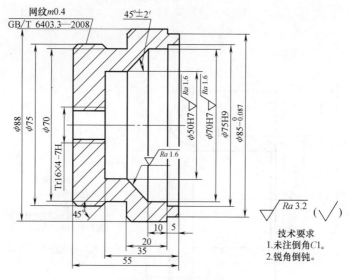

图 7-15 梯形螺纹螺母

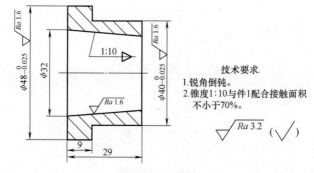

图 7-16 锥套

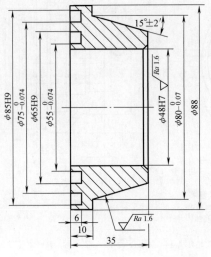

图 7-17 双端面槽套

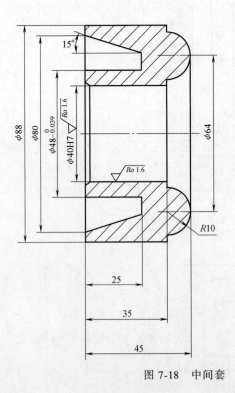

图 7-18 中间套

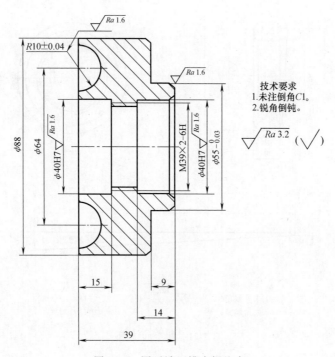

图 7-19 圆弧端面槽内螺纹套

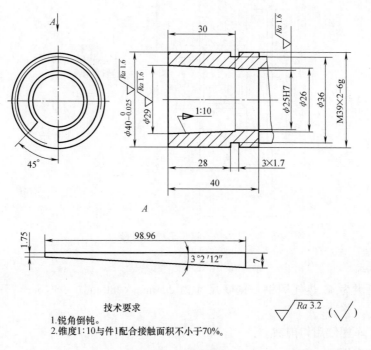

技术要求
1. 锐角倒钝。
2. 锥度1:10与件1配合接触面积不小于70%。

图 7-20 螺纹锥套

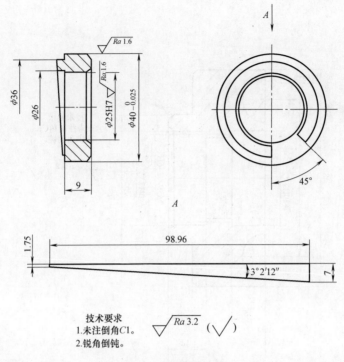

图 7-21 螺旋面垫圈

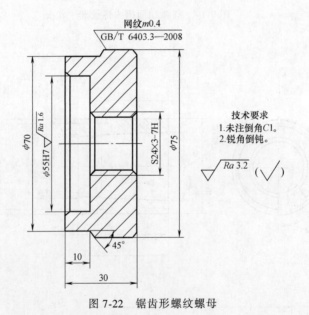

图 7-22 锯齿形螺纹螺母

2. 准备要求

1）考件材料为 45 热轧圆钢，锯断尺寸为 $\phi 50mm \times 280mm$、$\phi 80mm \times 75mm$ 及 $\phi 90mm \times 205mm$ 各一根。

2）钻孔、车螺纹用切削液。

3）检查锥度用显示剂。

4) 划线工具及涂料（蓝油）。

5) 装夹精度较高的单动卡盘。

6) 相关工具、量具、刀具。

7) 件 2、件 4、件 6、件 8、件 9、件 10 在考前准备时加工完成。

3. 考核内容

(1) 考核要求

1) 加工后各考件的尺寸精度、几何精度、表面粗糙度等应达到图样规定要求；组合后应达到装配图样规定尺寸精度 $95_{\ 0}^{+0.2}$ mm、（1±0.1mm）及 3×（0.05~0.1）mm。

2) 不准使用锉刀、砂布对考件进行修整加工，但允许用于锐角倒钝。

3) $R$10mm 内、外圆弧允许使用自磨成形车刀车削。

4) 锥度 1∶10 不准使用靠模车削。

5) 不允许使用偏心夹具（偏心轴、套）车削偏心圆。

6) 螺纹锥套 8、螺旋面垫圈 9 的螺旋面应在车床上车出（45°缺口面允许用其他机床完成）。

7) Tr16×4-7H 内螺纹不准使用丝锥加工。

8) 未注公差尺寸按 IT12 公差等级加工。

9) 考件与图样严重不符的扣去该考件的全部配分。

(2) 时间定额　8h（不含考前准备时间及偏心套 2、锥套 4、中间套 6、螺纹锥套 8、螺旋面垫圈 9 及锯齿形螺纹螺母 10 的加工时间）。提前完工不加分，超时间定额 25min 在总评分中扣去 5 分，超 50min 扣去 10 分，超出 50min 未完成则停止考试。

(3) 安全文明生产

1) 正确执行安全技术操作规程。

2) 按企业有关文明生产的规定，做到工作地整洁，工件、工具、量具摆放整齐。

4. 配分与评分标准（表 7-6）

表 7-6　车十件双平面槽组合件配分与评分标准

| 序号 | 作业项目 | 配分 | 考核内容 | 评分标准 | 考核记录 | 扣分 | 得分 |
|---|---|---|---|---|---|---|---|
| 1 | 组装后装配尺寸 | 5 分 | $95_{\ 0}^{+0.20}$ mm | 超差无分 | | | |
| | | 5 分 | 0.05~0.1mm（3 处） | 超差无分 | | | |
| | | 5 分 | （1±0.1）mm | 超差无分 | | | |
| 2 | 轴 | 3 分 | $\phi25_{-0.021}^{\ 0}$ mm | 超差 0.01mm 扣 1 分，超差 0.01mm 以上无分 | | | |
| | | 2 分 | $\phi36_{-0.062}^{\ 0}$ mm | 超差 0.01mm 扣 1 分，超差 0.01mm 以上无分 | | | |
| | | 2 分 | $\phi24_{-0.052}^{\ 0}$ mm | 超差 0.01mm 扣 1 分，超差 0.01mm 以上无分 | | | |
| | | 3 分 | M24×3-7e | 超差无分 | | | |
| | | 2 分 | 1∶10 | 超差无分 | | | |
| | | 2 分 | （2±0.02）mm | 超差无分 | | | |
| | | 2 分 | $\phi32_{-0.06}^{\ 0}$ mm | 超差 0.02mm 扣 1 分，超差 0.02mm 以上无分 | | | |

(续)

| 序号 | 作业项目 | 配分 | 考核内容 | 评分标准 | 考核记录 | 扣分 | 得分 |
|---|---|---|---|---|---|---|---|
| 2 | 轴 | 1 分 | 网纹 $m=0.4$ | 超差无分 | | | |
| | | 0.2 分 | $\phi44\text{mm}$ | 超差无分 | | | |
| | | 3 分 | Tr16×4-7e | 超差无分 | | | |
| | | 0.6 分 | 5mm×3mm、2mm×0.5mm、5mm×2.3mm | 一处超差扣 0.2 分 | | | |
| | | 1.4 分 | 9mm、10mm、9mm、60mm、24mm、21mm、155mm | 一处超差扣 0.2 分 | | | |
| | | 6 分 | $Ra\ 1.6\mu\text{m}$（6 处） | 一处超差扣 1 分 | | | |
| 3 | 梯形螺纹螺母 | 2 分 | $\phi85_{-0.087}^{0}\text{mm}$ | 超差 0.02mm 扣 1 分，超差 0.02mm 以上无分 | | | |
| | | 3 分 | $\phi75\text{H}9$ | 超差 0.02mm 扣 1 分，超差 0.02mm 以上无分 | | | |
| | | 3 分 | $\phi70\text{H}7$ | 超差 0.02mm 扣 1 分，超差 0.02mm 以上无分 | | | |
| | | 3 分 | $\phi50\text{H}7$ | 超差 0.02mm 扣 1 分，超差 0.02mm 以上无分 | | | |
| | | 0.6 分 | $\phi70\text{mm}$、$\phi75\text{mm}$、$\phi88\text{mm}$ | 一处超差扣 0.2 分 | | | |
| | | 3 分 | Tr16×4-7H | 超差无分 | | | |
| | | 1 分 | 网纹 $m=0.4$ | 超差无分 | | | |
| | | 2 分 | 45°±2′ | 超差无分 | | | |
| | | 1 分 | 55mm、35mm、20mm、10mm、5mm | 一处超差扣 0.2 分 | | | |
| | | 0.2 分 | 45° | 超差无分 | | | |
| | | 3 分 | $Ra1.6\mu\text{m}$（3 处） | 一处超差扣 1 分 | | | |
| 4 | 双端面槽套 | 0.2 分 | $\phi88\text{mm}$ | 超差无分 | | | |
| | | 2 分 | $\phi80_{-0.07}^{0}\text{mm}$ | 超差 0.02mm 扣 1 分，超差 0.02mm 以上无分 | | | |
| | | 3 分 | $\phi48\text{H}7\text{mm}$ | 超差 0.02mm 扣 1 分，超差 0.02mm 以上无分 | | | |
| | | 2 分 | $\phi55_{-0.074}^{0}\text{mm}$ | 超差 0.02mm 扣 1 分，超差 0.02mm 以上无分 | | | |
| | | 2 分 | $\phi65\text{H}9$ | 超差 0.02mm 扣 1 分，超差 0.02mm 以上无分 | | | |
| | | 2 分 | $\phi75_{-0.074}^{0}\text{mm}$ | 超差 0.02mm 扣 1 分，超差 0.02mm 以上无分 | | | |
| | | 2 分 | $\phi85\text{H}9$ | 超差 0.02mm 扣 1 分，超差 0.02mm 以上无分 | | | |
| | | 2 分 | 15°±2′ | 超差无分 | | | |
| | | 0.6 分 | 6mm、10mm、35mm | 一处超差扣 0.2 分 | | | |
| | | 3 分 | $Ra1.6\mu\text{m}$（3 处） | 一处超差扣 1 分 | | | |

(续)

| 序号 | 作业项目 | 配分 | 考核内容 | 评分标准 | 考核记录 | 扣分 | 得分 |
|---|---|---|---|---|---|---|---|
| 5 | 圆弧端面槽内螺纹套 | 3分 | $\phi 55_{-0.03}^{0}$ mm | 超差0.02mm扣1分,超差0.02mm以上无分 | | | |
| | | 3分 | $\phi 40H7$(2处) | 超差0.02mm扣1分,超差0.02mm以上无分 | | | |
| | | 3分 | M39×2-6H | 超差无分 | | | |
| | | 0.4分 | $\phi 64$mm、$\phi 88$mm | 超差无分 | | | |
| | | 0.8分 | 15mm、14mm、9mm、39mm | 超差无分 | | | |
| | | 2分 | ($R10\pm0.04$)mm | 超差无分 | | | |
| | | 4分 | $Ra1.6\mu m$(4处) | 一处超差扣1分 | | | |
| 6 | 安全文明生产 | | 遵守安全操作规程,正确使用工具、量具,操作现场整洁 | 按达到规定的标准程度评定,一项不符合要求在总分中扣2.5分 | | | |
| | | | 安全用电,防火,无人身设备事故 | 因违规操作而引发重大人身设备事故,此卷按0分计算 | | | |
| 合计 | | 100分 | | | | | |

# 操作技能7　加工锥体配合件

## 1. 考件图样（图7-23、图7-24）

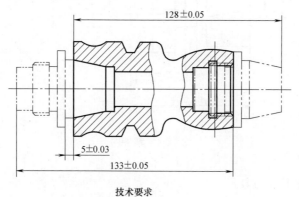

技术要求
1. 圆锥配合接触面积不小于70%。
2. 锐角倒钝。

图7-23　装配图

## 2. 准备要求

1) 考件材料为45钢,锯断尺寸为$\phi 50$mm×100mm一根、$\phi 40$mm×58mm两根。
2) 钻孔用切削液。

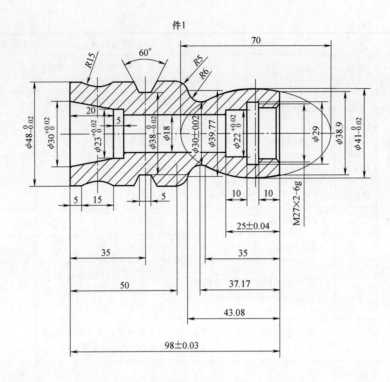

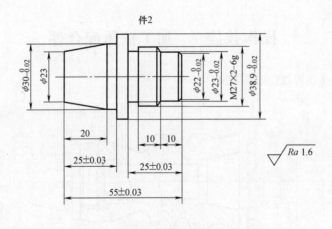

图 7-24 零件图

3) 相关工具、量具、刀具。
3．考核内容
（1）考核要求
1) 加工后考件应达到图样规定的尺寸精度、几何精度、表面粗糙度等要求。
2) 不允许使用锉刀、砂布等对考件进行修整加工，允许用于锐角倒钝。
（2）安全文明生产
1) 正确执行安全技术操作规程。
2) 按企业有关文明生产的规定，做到工作地整洁，工件、工具、量具摆放整齐。

## 4. 配分与评分标准（表7-7）

表7-7　加工锥体配合件配分与评分标准

| 序号 | 作业项目 | 配分 | 考核内容 | 评分标准 | 考核记录 | 扣分 | 得分 |
|---|---|---|---|---|---|---|---|
| 1 | 组合件 | 2分 | (128±0.05)mm | 超差无分 | | | |
| | | 2分 | (5±0.03)mm | 超差无分 | | | |
| | | 2分 | (133±0.05)mm | 超差0.01mm扣1分，超差0.01mm以上无分 | | | |
| | | 4分 | 螺纹配合 | 超差无分 | | | |
| | | 4分 | 圆锥接触面积不小于70% | 超差无分 | | | |
| 2 | 件1 | 4分 | $\phi 48_{-0.02}^{0}$mm | 超差0.01mm扣2分，超差0.01mm以上无分 | | | |
| | | 4分 | $\phi 41_{-0.02}^{0}$mm | 超差无分 | | | |
| | | 4分 | $\phi 38_{-0.02}^{0}$mm | 超差无分 | | | |
| | | 4分 | $\phi 23_{0}^{+0.02}$mm | 超差0.01mm扣2分，超差0.01mm以上无分 | | | |
| | | 4分 | $\phi 22_{0}^{+0.02}$mm | 超差0.01mm扣2分，超差0.01mm以上无分 | | | |
| | | 3分 | 60° | 超差无分 | | | |
| | | 3分 | $R$15mm | 超差无分 | | | |
| | | 3分 | $R$5mm | 超差无分 | | | |
| | | 3分 | $R$6mm | 超差无分 | | | |
| | | 3分 | 椭圆弧 | 超差无分 | | | |
| | | 5分 | 内螺纹 | 超差无分 | | | |
| | | 2分 | (98±0.03)mm | 超差0.02mm扣1分，超差0.01mm以上无分 | | | |
| | | 2分 | (25±0.04)mm | 超差0.02mm扣1分，超差0.01mm以上无分 | | | |
| | | 4分 | 表面粗糙度 | 超差无分 | | | |
| | | 2分 | 倒角去毛刺 | 不合格无分 | | | |
| 3 | 件2 | 4分 | $\phi 30_{-0.02}^{0}$mm | 超差无分 | | | |
| | | 4分 | $\phi 38.9_{-0.02}^{0}$mm | 超差无分 | | | |
| | | 4分 | $\phi 22_{-0.02}^{0}$mm | 超差无分 | | | |
| | | 4分 | $\phi 23_{-0.02}^{0}$mm | 超差无分 | | | |
| | | 4分 | 外螺纹 | 超差无分 | | | |
| | | 3分 | (25±0.03)mm | 超差0.01mm扣1分，超差0.01mm以上无分 | | | |
| | | 3分 | (25±0.03)mm | 超差0.01mm扣1分，超差0.01mm以上无分 | | | |
| | | 2分 | 10mm | 超差无分 | | | |
| | | 2分 | 10mm | 超差无分 | | | |

(续)

| 序号 | 作业项目 | 配分 | 考核内容 | 评分标准 | 考核记录 | 扣分 | 得分 |
|---|---|---|---|---|---|---|---|
| 3 | 件2 | 2分 | (55±0.03)mm | 超差无分 | | | |
| | | 2分 | 表面粗糙度 | 超差无分 | | | |
| | | 2分 | 倒角去毛刺 | 不合格无分 | | | |
| 4 | 安全文明生产 | | 遵守安全操作规程,正确使用工具、量具,操作现场整洁 | 按达到规定的标准程度评定,一项不符合要求在总分中扣2.5分 | | | |
| | | | 程序要完整,能自动换刀,连续加工(除端面外,不允许手动加工) | 加工中违反数控工艺(如未按小批量生产条件编程等)者,视情况酌情扣分,扣分不超过20分 | | | |
| | | | 安全用电,防火,无人身设备事故 | 因违规操作而引发重大人身设备事故,此卷按0分计算 | | | |
| | 合计 | 100分 | | | | | |

# 操作技能8 加工螺纹配合件

**1. 考件图样**(图7-25~图7-28)

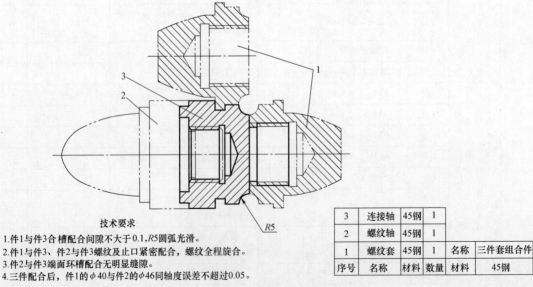

技术要求
1.件1与件3合槽配合间隙不大于0.1,R5圆弧光滑。
2.件1与件3、件2与件3螺纹及止口紧密配合,螺纹全程旋合。
3.件2与件3端面环槽配合无明显缝隙。
4.三件配合后,件1的φ40与件2的φ46同轴度误差不超过0.05。

图7-25 螺纹配合件

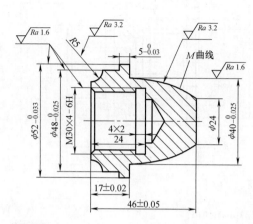
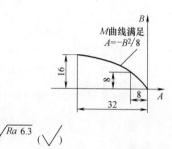

**技术要求**
1. 未注倒角C1。
2. 未注公差按IT10加工。
3. 锐角倒钝。
4. M30为双线螺纹。
5. M曲线与左端φ48外圆的同轴度公差为0.05。
6. M曲轴线轮廓度误差不超过0.08。

图 7-26 螺纹套

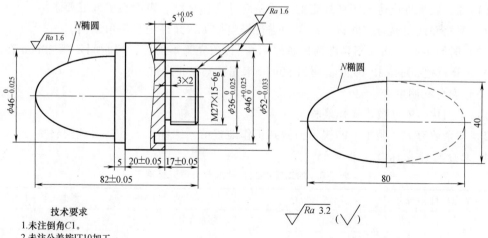

**技术要求**
1. 未注倒角C1。
2. 未注公差按IT10加工。
3. 锐角倒钝。
4. N椭圆与右端端面槽φ36的同轴度误差不超过0.05。
5. N椭圆轮廓度误差不超过0.08。

图 7-27 螺纹轴

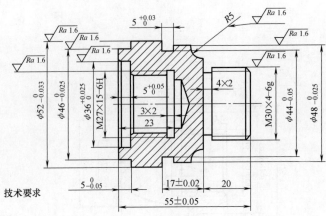

技术要求
1. 未注倒角C1。
2. 未注公差按IT10加工。
3. 锐角倒钝。
4. M30为双线螺纹。
5. 右端φ48与左端止口φ36的同轴度误差不超过0.05。

图7-28 连接轴

2. 准备要求

1) 考件材料为45钢，锯断尺寸为φ55mm×50mm一根、φ55mm×85mm一根、φ55mm×60mm一根。

2) 钻孔用切削液。

3) 相关工具、量具、刀具。

3. 考核内容

(1) 考核要求

1) 加工后考件应达到图样规定的尺寸精度、几何精度、表面粗糙度等要求。

2) 不允许使用锉刀、砂布等对考件进行修整加工，允许用于锐角倒钝。

(2) 时间定额 6h（不含考前准备时间）。提前完工不加分，超时间定额25min在总评分中扣5分，超50min扣10分，超出50min未完成则停止考试。

(3) 安全文明生产

1) 正确执行安全技术操作规程。

2) 按企业有关文明生产的规定，做到工作地整洁，工件、工具、量具摆放整齐。

4. 配分与评分标准（表7-8）

表7-8 加工螺纹配合件配分与评分标准

| 序号 | 作业项目 | 配分 | 考核内容 | 评分标准 | 考核记录 | 扣分 | 得分 |
|---|---|---|---|---|---|---|---|
| 1 | 组合件 | 3分 | 外圆槽配合 | 超差无分 | | | |
| | | 1.5分 | R5mm圆弧 | 超差无分 | | | |
| | | 5分 | 双线螺纹配合 | 超差无分 | | | |
| | | 3分 | 螺纹配合 | 超差无分 | | | |
| | | 3分 | 端面槽配合 | 超差无分 | | | |
| | | 3分 | 三件螺纹旋合后，件1的$\phi40_{-0.025}^{0}$mm与件2的$\phi46_{-0.025}^{0}$mm同轴度 | 超差无分 | | | |

(续)

| 序号 | 作业项目 | 配分 | 考核内容 | 评分标准 | 考核记录 | 扣分 | 得分 |
|---|---|---|---|---|---|---|---|
| 2 | 件1 | 2分 | $\phi 52_{-0.033}^{0}$ mm | 超差无分 | | | |
| | | 2分 | $\phi 48_{-0.025}^{0}$ mm | 超差无分 | | | |
| | | 2分 | $\phi 40_{-0.025}^{0}$ mm | 超差无分 | | | |
| | | 2分 | M30×4-6H | 超差无分 | | | |
| | | 3分 | $M$曲线 | 超差无分 | | | |
| | | 1分 | R5mm | 超差无分 | | | |
| | | 0.5分 | $5_{-0.03}^{0}$ mm | 超差无分 | | | |
| | | 0.5分 | (17±0.02)mm | 超差无分 | | | |
| | | 2分 | (46±0.05)mm | 超差无分 | | | |
| | | 1分 | $M$曲线与$\phi 48_{-0.025}^{0}$ mm的同轴度 | 超差无分 | | | |
| | | 5分 | 表面粗糙度 | 超差无分 | | | |
| 3 | 件2 | 2分 | $\phi 52_{-0.033}^{0}$ mm | 一处超差0.01mm扣1分,超差0.01mm以上无分 | | | |
| | | 2分 | $\phi 46_{-0.025}^{0}$ mm | 超差无分 | | | |
| | | 2分 | $\phi 46_{0}^{+0.025}$ mm | 超差无分 | | | |
| | | 2分 | $\phi 36_{-0.025}^{0}$ mm | 超差无分 | | | |
| | | 2分 | $5_{0}^{+0.05}$ mm | 超差无分 | | | |
| | | 4分 | M27×1.5-6g | 超差无分 | | | |
| | | 5分 | $N$椭圆 | 超差无分 | | | |
| | | 0.5分 | (17±0.05)mm | 超差无分 | | | |
| | | 0.5分 | (20±0.05)mm | 超差无分 | | | |
| | | 2分 | (82±0.05)mm | 超差无分 | | | |
| | | 0.5分 | 5mm | 超差无分 | | | |
| | | 2分 | $N$椭圆与$\phi 36_{-0.025}^{0}$ mm的同轴度 | 超差无分 | | | |
| | | 6分 | 其余表面粗糙度 | 一处超差扣0.5分 | | | |
| | | 0.5分 | 锐角倒钝 | 超差无分 | | | |
| 4 | 件3 | 2分 | $\phi 52_{-0.033}^{0}$ mm | 超差无分 | | | |
| | | 2分 | $\phi 48_{-0.025}^{0}$ mm | 超差无分 | | | |
| | | 2分 | $\phi 46_{-0.025}^{0}$ mm | 超差无分 | | | |
| | | 2分 | $\phi 36_{0}^{+0.025}$ mm | 超差无分 | | | |
| | | 4分 | M30×4-6g | 超差无分 | | | |
| | | 4分 | M27×1.5-6H | 超差无分 | | | |
| | | 0.5分 | R5mm | 超差无分 | | | |
| | | 2分 | $5_{0}^{+0.03}$ mm | 超差无分 | | | |
| | | 2分 | $\phi 44_{-0.05}^{0}$ mm | 超差无分 | | | |

（续）

| 序号 | 作业项目 | 配分 | 考核内容 | 评分标准 | 考核记录 | 扣分 | 得分 |
|---|---|---|---|---|---|---|---|
| 4 | 件3 | 1分 | $5^{+0.05}_{0}$ mm | 超差无分 | | | |
| | | 1分 | $5^{0}_{-0.05}$ mm | 超差无分 | | | |
| | | 0.5分 | $(17\pm0.02)$ mm | 超差无分 | | | |
| | | 2分 | $(55\pm0.05)$ mm | 超差无分 | | | |
| | | 1分 | $\phi48^{0}_{-0.025}$ mm 与 $\phi36^{+0.025}_{0}$ mm 的同轴度 | 超差无分 | | | |
| | | 3分 | 其余表面粗糙度 | 一处超差扣0.5分 | | | |
| | | 0.5分 | 锐角倒钝 | 不符合要求无分 | | | |
| 5 | 安全文明生产 | | 遵守安全操作规程,正确使用工具、量具,操作现场整洁 | 按达到规定的标准程度评定,一项不符合要求在总分中扣2.5分 | | | |
| | | | 安全用电,防火,无人身设备事故 | 因违规操作而引发重大人身设备事故,此卷按0分计算 | | | |
| 合计 | | 100分 | | | | | |

# 第八部分

# 模拟试卷样例

## 理论知识考试模拟试卷

一、判断题（对的画"√"，错的画"×"；答错倒扣分；每题0.5分，共20分）

1. 钢结硬质合金是由WC、TiC做硬质相，高速钢做黏结相，通过粉末冶金工艺制成的，可以对它进行锻造、切削加工、热处理与焊接，可用于制造模具、拉刀等形状复杂的工具或刀具。（　　）
2. 车削畸形工件时，应尽可能在工件一次装夹中完成全部或大部分的加工内容，以避免因互换基准而带来加工误差。（　　）
3. 研磨是以物理和化学作用去除零件表面层的一种加工方法。（　　）
4. 车床的主要热源是主轴箱，温升最大的部位在主轴的后轴承处。（　　）
5. 主轴的两端中心孔与顶尖接触不良会影响工艺系统刚度，但不会造成加工误差。（　　）
6. 曲轴加工后，曲拐轴颈的轴线应与主轴颈轴线平行，并保持要求的偏心距。（　　）
7. 扩大卧式车床加工范围的方法：一是不改变车床的任何结构；二是对车床进行局部改变；三是对车床结构进行较大的改进。（　　）
8. 工件车削加工后的实际几何参数（尺寸、形状和位置）与理想几何参数的符合程度称为加工精度。（　　）
9. 理想的加工程序不仅要保证加工出符合图样要求的合格零件，还应使数控机床的功能得到合理的应用和充分的发挥。（　　）
10. 由于不锈钢的韧性好、强度高、导热性差，因此在切削时热量难以扩散，致使刀具不易发热，提高了刀具的切削性能。（　　）
11. 精密机床主轴毛坯选用锻件，主要是为了节约材料和减少机械加工的劳动量。（　　）
12. 利用交换齿轮传动比车削平面螺纹，就是利用现有机床上的交换齿轮机构，装上经过计算后按一定传动比的交换齿轮，由长丝杠将运动传至中滑板丝杠，即可车出所需螺距的平面螺纹。（　　）
13. 对于热处理硬度高，又不适合在磨床上磨削的工件，可在车床上进行磨削。（　　）
14. 在车床上使用车多边形工具车削出来的多边形工件，其表面实际上是不平直的，是具有一定曲率的凸形曲面。（　　）

15. 基准位移误差与工件在装夹过程中产生的误差构成了工件的定位误差。（   ）
16. 适当减小主偏角、副偏角能够达到在一定程度上控制残留面积高度的目的。（   ）
17. 机床、夹具、刀具和工件在加工时形成一个统一的整体，称为工艺系统。（   ）
18. 用定程法车削时，可使用试切法来调整定程元件的位置，或确定手柄刻度值及指示表读数。（   ）
19. 碳化物系列磨料的硬度低于刚玉类磨料，因此，主要用于碳素钢、合金工具钢、高速工具钢和铸铁工件的研磨。（   ）
20. 砂轮组织是表示砂轮内部结构松紧程度的参数，与磨粒、结合剂、气孔三者的体积比例无关。（   ）
21. 车削变齿厚蜗杆，不论是粗车或精车，都应根据其左、右侧导程分别进行车削。（   ）
22. 在零件图样或工序图样中，尺寸精度是以尺寸公差的形式表示，几何形状和相对位置精度是以框格或文字形式表示。加工时应满足所有的精度要求。（   ）
23. 多件套的螺纹配合，对于中径尺寸，外螺纹应控制在上极限尺寸范围内，内螺纹则应控制在下极限尺寸范围内，以使配合间隙尽量大些。（   ）
24. 若畸形工件的所有表面都要加工，则应以余量最大的表面为主要定位基准面。（   ）
25. M 指令也称辅助功能指令，由字母"M"及其后的两位数字组成，构成了 M00～M99 共 100 种代码。（   ）
26. 主轴的加工精度主要包括结构要素的尺寸精度，而不包括几何形状精度和位置精度。（   ）
27. 一般精度的主轴以精磨为最终工序。（   ）
28. 在机床主轴加工过程中，安排热处理工序，一是根据主轴的技术要求，通过热处理保证其力学性能；二是按照主轴的要求，通过热处理来改善材料的加工性能。（   ）
29. 粗车曲轴主轴颈外圆时，为增加装夹刚度，可使用单动卡盘夹住一端，另一端用回转顶尖支承，但必须在卡盘上加平衡块平衡。（   ）
30. 砂轮硬度是指结合剂黏结磨粒的牢固程度，是衡量砂轮"自锐性"的重要依据，工件材料软时应选用软砂轮。（   ）
31. 卧式车床纵向导轨在垂直平面内的直线度误差，会导致床鞍沿床身移动时发生倾斜，引起车刀刀尖的偏移，使工件产生圆柱度误差。（   ）
32. 切削热是刀具热变形的主要热源，但由于刀具的体积小、热容量不大，因此不会达到较高温度和引起较大的热伸长。（   ）
33. 在切削加工中，工件的热变形主要是由切削热引起的，有些大型精密零件的热变形还受环境温度的影响。（   ）
34. 车床经大修后，精车外圆试验的目的是检查车床在正常工作温度下，主轴轴线与溜板移动方向是否平行，以及主轴的旋转精度是否合格。（   ）
35. 工艺系统的刚度越低，误差的"复映"现象就越不明显。（   ）
36. 在车床上磨削时所选用的砂轮特性要素与一般磨床磨削所使用的砂轮基本一致。（   ）

37. 车削变螺距螺纹时,车床在完成主轴转一转,车刀移动一个螺距的同时,还按工件要求利用凸轮机构传给刀架一个附加的进给运动,使车刀在工件上形成所需的变螺距螺纹。
(  )

38. 曲柄颈的车削或磨削加工,主要是解决如何把主轴颈轴线找正到与车床或磨床主轴回转轴线同轴的问题。
(  )

39. 螺纹特征代号 Tr65×16(P4)-7e 表示梯形外螺纹,公称直径为 65mm,导程为 16mm,螺距为 4mm,大径公差带位置为 e,公差等级为 7 级。
(  )

40. 车床的工作精度是指车床运动时在切削力作用下的精度,即车床在工作状态下的精度。车床的工作精度是通过加工出来的试件精度来评定的。
(  )

二、选择题(将正确答案的序号填入括号内;每题1分,共25分)

1. 成形车刀按加工时的进刀方向可分为径向、轴向和切向三类,其中以(  )成形车刀使用最为广泛。
A. 径向　　B. 轴向　　C. 切向　　D. 法向

2. 对于精度要求很高的机床主轴,在粗磨工序之后还需要进行(  )处理,目的是消除淬火应力或加工应力,稳定金相组织,以提高主轴尺寸的稳定性。
A. 回火　　B. 定性　　C. 调质　　D. 渗碳

3. 所谓扩大车床使用范围,包括两层含义:一是扩大机床技术规格所规定的加工和使用范围;二是改变机床的(  )性能。
A. 功能　　B. 设计　　C. 结构　　D. 加工工艺

4. 在车削内、外圆时,刀具纵向移动过程中前后位置发生变化,影响工件素线的直线度,且影响较大。其原因是受(  )误差的影响。
A. 溜板移动在水平面内的直线度
B. 主轴定心轴颈的径向圆跳动
C. 主轴锥孔轴线的径向圆跳动
D. 主轴轴肩支承面的轴向圆跳动

5. 精车后,曲轴曲拐轴颈的轴线应与主轴颈轴线平行,并保持要求的偏心距,同时各曲拐轴颈之间还有一定的(  )位置关系。
A. 垂直　　B. 角度　　C. 平行　　D. 交错

6. 机床主轴一般为精密主轴,它的功用为支承传动件、传递转矩,除承受交变弯曲应力和扭转应力外,还受(  )作用。
A. 冲击载荷　B. 高速运转　C. 切削力　D. 切削抗力

7. 数控系统主轴转速功能字的地址符是 S,又称为 S 功能或 S 指令,用于指定主轴转速,单位为(  )。
A. m/min　　B. mm/min　　C. r/min　　D. mm/r

8. 在花盘上装夹工件后产生偏重时,(  )。
A. 只影响工件的加工精度
B. 不仅影响工件的加工精度,还会损坏车床的主轴和轴承
C. 不影响工件的加工精度

D. 只影响车床的主轴和轴承

9. 平面螺纹的牙型与矩形螺纹相同，其螺纹以（    ）的形式形成于工件端面上。
A. 渐开线  B. 轴向直廓
C. 法向直廓  D. 阿基米德螺旋线

10. 在车床上研磨外圆时，若研套往复运动的速度适当，则工件上研出来的网纹与工件轴线的夹角为（    ）。
A. 40°  B. 45℃  C. 50°  D. 55°

11. 螺纹车刀安装时若刀尖高于或低于工件轴线，则车削螺纹时将产生（    ）误差。
A. 圆度  B. 圆柱度  C. 廓形  D. 螺距

12. 某磨床主轴的技术要求除螺纹和花键外，热处理渗氮深度为 0.25~0.4mm，渗氮后要求硬度大于 805（    ）。
A. HRC  B. HBW  C. HV  D. HRV

13. 数控系统中除了使用直线插补之外，还可以使用（    ）。
A. 圆弧插补  B. 椭圆插补  C. 球面插补  D. 抛物线插补

14. （    ）作为研具材料，具有润滑性能好、磨耗较慢、硬度适中、研磨剂在其表面容易涂布均匀等优点，是一种研磨效果较好、价廉易得的研具材料，因此得到了广泛的应用。
A. 低碳钢  B. 铜  C. 灰铸铁  D. 中碳钢

15. 超细晶粒合金刀具的使用场合不应包括（    ）。
A. 高硬度、高强度难加工材料的加工
B. 难加工材料的断续切削
C. 普通材料的高速切削
D. 要求有较大前角，能进行薄层切削的精密刀具

16. 陶瓷刀具一般适合在高速下精细加工硬材料，如在切削速度等于（    ）m/min 的条件下车削淬火钢。
A. 80  B. 120  C. 160  D. 200

17. 制动带调整后在制动轮上的松紧程度应适当，即停机后，由主轴旋转的惯性所造成的"自转"应控制在原转速的（    ）左右。
A. 1%  B. 5%  C. 10%  D. 15%

18. 在车床上加工椭圆，当刀具做旋转运动时，工件应（    ）转动，否则加工出来的轴、孔仍是圆柱形。
A. 高速  B. 中速  C. 低速  D. 停止

19. 由于采用（    ）的加工方法而产生的误差称为原理误差。
A. 定位  B. 近似  C. 一次装夹  D. 多次装夹

20. 由于存在（    ）误差，在车削端面时，会影响工件的平面度和垂直度。
A. 主轴轴线对溜板移动的平行度
B. 小刀架移动对主轴轴线的平行度
C. 横刀架移动对主轴轴线的垂直度
D. 溜板移动在水平面内的直线度

21. 检查畸形工件（　　）的平行度误差时，用两心轴分别模拟被测轴线与基准轴线，用等高V形架支承基准心轴，用指示表、千分尺、测微仪等在被测心轴两端检测，然后旋转90°，测量另一方向的平行度误差。

　　A. 面对面　　　B. 线对面　　　C. 线对线　　　D. 线对点

22. 在车床上研磨圆锥表面时，研磨工具工作部分的长度应是工件研磨长度的（　　）倍左右，并且锥度必须符合图样要求。

　　A. 0.5　　　　B. 1.5　　　　C. 2.5　　　　D. 3

23. 砂轮（　　）是指结合剂黏结磨粒的牢固程度，是衡量砂轮"自锐性"的重要依据。

　　A. 磨料　　　　B. 粒度　　　　C. 硬度　　　　D. 组织

24. 主轴的最终热处理工序，一般安排在（　　）前进行。

　　A. 粗加工　　　B. 半精加工　　C. 磨削加工　　D. 超精加工

25. 工件在装夹过程中产生的误差称为装夹误差。装夹误差包括（　　）误差及定位误差。

　　A. 加工　　　　B. 夹紧　　　　C. 基准位移　　D. 基准不符

## 三、计算题（共24分）

1. 车削CA6140型车床主轴前端的莫氏6号圆锥孔，工艺规定将圆锥孔大端直径$\phi 63.348$mm车至$\phi 62.6^{+0.1}_{0}$mm后磨削。此时，若用标准圆锥量规检验，则量规刻线中心离开工件端面的距离是多少？（提示：莫氏6号锥度$C = 1 : 19.180 = 0.05214$）（5分）

2. 用三针测量法测量Tr48×3-7e梯形螺纹，并查表得中径基本偏差$es = -0.085$mm，中径公差$T_{d2} = 0.265$mm，求量针测量距$M$及其上、下极限偏差。（6分）

3. 车削直径$d = 50$mm、长度$L = 1500$mm、材料的线胀系数$\alpha_1 = 11.59 \times 10^{-6}/℃$的细长轴时，测得工件伸长了0.522mm，问工件的温度升高了多少？（5分）

4. 有一根$120° \pm 20'$等分六拐曲轴工件，主轴颈直径的实际尺寸为$D = 225$mm，曲柄颈直径的实际尺寸为$d = 225$mm，测得偏心距$R = 225$mm，并测得在V形架上主轴颈顶点高度$A = 460$mm，问量块高度$h$应为多少？若用该量块组继续测得两曲拐轴颈高度差为$\Delta H = 0.4$mm，问两曲柄颈的夹角误差为多少？（8分）

## 四、问答题（共31分）

1. 什么是多件套？它的车削与单一零件有什么区别？（5分）

2. 为什么说多片离合器间隙的调整要适当，不能过大或过小？若调整不当，会出现什么情况？（7分）

3. 变齿厚蜗杆的特点是什么？车削变齿厚蜗杆的工艺方法是什么？（5分）

4. 为什么要对轴类零件的中心孔进行研磨？如何研磨？（5分）

5. 试述数控机床开机后主轴产生噪声的原因及排除方法。（5分）

6. 技术报告的工作内容有哪些？（4分）

# 理论知识考试模拟试卷参考答案

## 一、判断题

1. √  2. √  3. √  4. ×  5. ×  6. √  7. √  8. √  9. √  10. ×
11. ×  12. ×  13. √  14. √  15. ×  16. √  17. √  18. √  19. ×  20. ×
21. √  22. √  23. ×  24. √  25. √  26. √  27. √  28. √  29. √  30. ×
31. ×  32. ×  33. √  34. √  35. ×  36. √  37. √  38. ×  39. ×  40. √

## 二、选择题

1. A  2. B  3. D  4. A  5. B  6. A  7. C  8. B  9. D  10. B
11. C  12. C  13. A  14. C  15. C  16. D  17. A  18. D  19. B  20. C
21. C  22. B  23. C  24. C  25. B

## 三、计算题

1. 解：已知 $C=1:19.180=0.05214$，留磨削余量为

$$\Delta d_1 = 63.348\text{mm} - (62.6\text{mm} + 0.1\text{mm}) = 0.648\text{mm};$$

$$\Delta d_2 = 63.348\text{mm} - 62.6\text{mm} = 0.748\text{mm}$$

根据计算公式

$$h_1 = \frac{\Delta d_1}{C} = \frac{0.648\text{mm}}{0.05214} = 12.43\text{mm}$$

$$h_2 = \frac{\Delta d_2}{C} = \frac{0.748\text{mm}}{0.05214} = 14.35\text{mm}$$

答：这时圆锥量规刻线中心离开工件端面的距离应是 12.43～14.35mm。

2. 解：已知 $d=48\text{mm}$，$P=3\text{mm}$，$es=-0.085\text{mm}$，$T_{d2}=0.265\text{mm}$。根据公式

$$d_2 = d - 0.5P = 48\text{mm} - 0.5 \times 3\text{mm} = 46.5\text{mm}$$

$$d_D = 0.518P = 0.518 \times 3\text{mm} = 1.554\text{mm}$$

取  $d_D = 1.55\text{mm}$

$$M = d_2 + 4.864 d_D - 1.866P$$
$$= (46.5 + 4.864 \times 1.55 - 1.866 \times 3)\text{mm}$$
$$= 48.44\text{mm}$$

$$ei = es - T_{d2}$$
$$= 0.085\text{mm} - 0.265\text{mm} = -0.350\text{mm}$$

则  $M = 48.44_{-0.350}^{-0.085}\text{mm}$

答：量针测量距及其偏差为 $M = 48.44_{-0.350}^{-0.085}\text{mm}$。

3. 解：已知 $L=1500\text{mm}$，$\alpha_1=11.59\times10^{-6}/℃$，$\Delta L=0.522\text{mm}$。根据公式

$$\Delta L = \alpha_1 L \Delta t$$

则

$$\Delta t = \frac{\Delta L}{\alpha_1 L} = \frac{0.522\text{mm}}{11.59\times10^{-6}/℃ \times 1500\text{mm}} = 30℃$$

答：工件的温度升高了30℃。

4. 解：已知 $R=225\text{mm}$，$D=225\text{mm}$，$d=225\text{mm}$，$A=460\text{mm}$，$\Delta H=0.4\text{mm}$，$\beta=120°-90°=30°$。根据公式

$$h = A \times \frac{1}{2}(D+d) - R\sin\beta$$

$$= [460 - \frac{1}{2}(225+225) - 225\times\sin30°]\text{mm} = 112.5\text{mm}$$

$$\sin\beta_1 = \frac{R\sin\beta - \Delta H}{R} = \frac{225\times\sin30° - 0.4}{225} = 0.4982, \beta_1 = 29°52'56''$$

$$\Delta\beta = \beta_1 - \beta = 29°52'56'' - 30° = -7'04'' < \pm20'$$

答：量块组高度 $h=112.5\text{mm}$。曲柄颈的夹角误差 $\Delta\beta=-7'04''$，在 $\pm20'$ 允许误差范围内。

## 四、问答题

1. 答：多件套是指由两个或两个以上车制零件相互配合所组成的组件。

与单一零件的车削加工比较，多件套的车削不仅要保证各个零件的加工质量，还需要满足各零件按规定组合装配后的技术要求。因此，在制订多件套特别是复杂多件套的加工工艺方案和进行组合零件加工时，应特别注意。

2. 答：若摩擦片之间的间隙太大，当主轴处于运转常态时，摩擦片不能完全被压紧，一旦受到切削力的影响或当切削力较大时，主轴就会停止正常运转，产生摩擦片打滑，造成"闷车"现象。

若摩擦片之间的间隙过小，当操纵手柄处于停机位置时，内、外摩擦片之间就不能立即脱开，或者无法完全脱开。这时，摩擦离合器传递运动转矩的效能并没有随之消失，主轴仍然继续旋转，因此，出现了停机后主轴制动不灵的"自转"现象，这样就失去了保险作用，并且操纵费力。

3. 答：变齿厚蜗杆是普通蜗杆的一种变形，由于其左、右两部分的导程不相等，使蜗杆齿厚逐渐变小或变大，所以又称为双导程蜗杆。

在卧式车床上车削变齿厚蜗杆的工艺方法是以标准导程为准，利用交换齿轮传动比来增大或减小左、右两侧的导程，形成不同的齿厚。

4. 答：用中心孔定位加工轴类零件时，中心孔的圆锥角误差、表面粗糙度值大小、几何形状误差（如圆度误差）及位置误差（如两端中心孔轴线的同轴度误差），将直接影响被加工工件的精度。因此，在半精加工（热处理后）、精加工轴类零件时，要对中心孔进行研磨，以确保中心孔的定位质量。

在车床上研磨中心孔的方法是，用卡盘夹住圆形磨石，再用金刚钻车成60°锥角（锥角要准确，锥面要光洁），然后把工件装夹在研磨工具和回转顶尖（尾座顶尖）间。研磨压力可用尾座调节，压力不能太大，以防压碎磨石，以手把持工件不十分费力为宜，同时使工件朝与主轴转动方向相反的方向慢慢转动。

5. 答：

（1）故障产生的原因

1）缺少润滑。

2）小带轮与大带轮传动平衡情况不佳。

3）连接主轴与电动机的传动带过紧。

4）齿轮啮合间隙不均或齿轮损坏。

5）传动轴承损坏或传动轴弯曲。

（2）故障排除方法

1）涂抹润滑脂，保证每个轴承润滑脂不超过 3mL。

2）带轮上的动平衡块脱落，重新进行动平衡。

3）调整电动机座，使传动带松紧度合适。

4）调整齿轮啮合间隙或更换新齿轮。

5）修复或更换轴承，校直传动轴。

6. 答：技术报告的工作内容：立项依据、目的和意义；国内外同类研究现状及比较；研究中所取得的创新点（成果）；新技术的推广应用情况及应用前景。

# 操作技能考核模拟试卷

## 车蜗杆多件套

1. 考试图样（图 8-1～图 8-4）

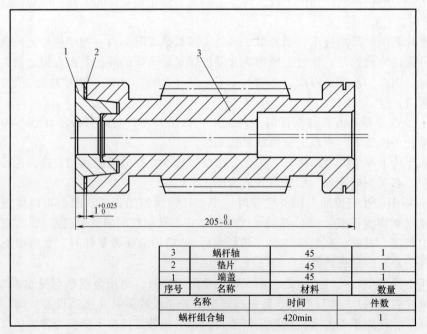

图 8-1 蜗杆组合轴

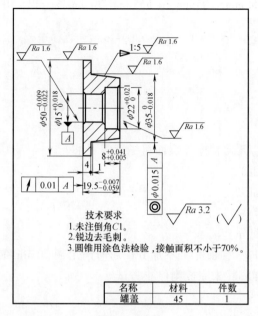

图 8-2 端盖

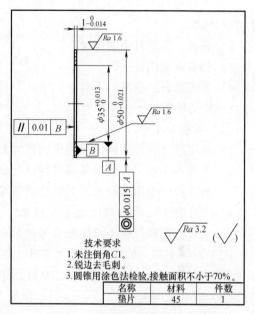

图 8-3 垫片

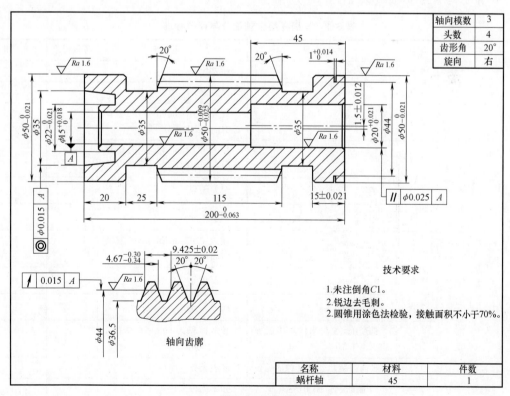

图 8-4 蜗杆轴

2. 准备要求

1) 考件材料为 45 热轧圆钢,锯断尺寸为 φ55mm×205mm 和 φ55mm×30mm 各一根,并经调质处理。

2) 钻孔、车蜗杆用切削液。

3) 检查锥度用显示剂。

4) 相关工具、量具、刀具。

3. 考核内容

(1) 考核要求

1) 加工后考件应达到图样规定的尺寸精度、几何精度、表面粗糙度等要求。

2) 不允许用锉刀、砂布等对考件进行修整加工。

3) 允许使用专用成形车刀对蜗杆进行车削加工。

4) 未注公差尺寸按 IT12 公差等级加工。

5) 考件与图样严重不符的扣去考件的全部配分。

(2) 时间定额 420min(不含考前准备时间)。提前完工不加分,超时间定额 20min 在总评分中扣去 5 分,超 40min 扣去 10 分,超出 40min 未完成则停止考试。

(3) 安全文明生产

1) 正确执行安全技术操作规程。

2) 按企业有关文明生产的规定,做到工作地整洁,工件、工具、量具摆放整齐。

4. 配分与评分标准(表 8-1)

表 8-1 车蜗杆组合轴配分与评分标准

| 作业项目 | 配分 | 考核内容 | 评分标准 | 考核记录 | 扣分 | 得分 |
|---|---|---|---|---|---|---|
| 组合件 | 5 分 | $205_{-0.1}^{0}$ mm | 超差无分 | | | |
| | 5 分 | $1_{0}^{+0.025}$ mm | 超差无分 | | | |
| 端盖 | 2 分 | $\phi50_{-0.022}^{-0.009}$ mm | 超差 0.01mm 扣 1 分,超差 0.01mm 以上无分 | | | |
| | 2 分 | $\phi35_{-0.018}^{0}$ mm | 超差 0.01mm 扣 1 分,超差 0.01mm 以上无分 | | | |
| | 2 分 | $\phi22_{0}^{+0.021}$ mm | 超差无分 | | | |
| | 2 分 | $\phi15_{0}^{+0.018}$ mm | 超差无分 | | | |
| | 2 分 | $19.5_{-0.059}^{-0.007}$ mm | 超差 0.02mm 扣 1 分,超差 0.02mm 以上无分 | | | |
| | 2 分 | $8_{+0.005}^{+0.041}$ mm | 超差无分 | | | |
| | 2 分 | 1mm、4mm | 超差无分 | | | |
| | 3 分 | 锥度 1:5 与蜗杆轴接触面积不小于 70% | 接触面积为 60%~69% 扣 1 分,小于 60% 无分 | | | |
| | 2 分 | 径向圆跳动公差 0.01mm | 超差无分 | | | |
| | 2 分 | 同轴度公差 φ0.015mm | 超差无分 | | | |
| | 4 分 | $Ra1.6\mu m$(4 处) | 一处超差扣 1 分 | | | |

(续)

| 作业项目 | 配分 | 考核内容 | 评分标准 | 考核记录 | 扣分 | 得分 |
|---|---|---|---|---|---|---|
| 垫片 | 3分 | $\phi 50_{-0.021}^{0}$ mm | 超差0.01mm扣1分,超差0.01mm以上无分 | | | |
| | 3分 | $\phi 35_{0}^{+0.013}$ mm | 超差无分 | | | |
| | 3分 | $1_{-0.014}^{0}$ mm | 超差无分 | | | |
| | 2分 | 同轴度公差 $\phi 0.015$mm | 超差无分 | | | |
| | 2分 | 平行度公差 0.01mm | 超差无分 | | | |
| | 2分 | $Ra1.6\mu m$(2处) | 一处超差扣1分 | | | |
| 蜗杆轴 | 3分 | $\phi 50_{-0.021}^{0}$ mm | 超差无分 | | | |
| | 3分 | $\phi 22_{-0.021}^{0}$ mm | 超差0.01mm扣1分,超差0.01mm以上无分 | | | |
| | 3分 | $\phi 15_{0}^{+0.018}$ mm | 超差无分 | | | |
| | 2分 | $\phi 50_{-0.025}^{-0.009}$ mm | 超差0.01mm扣1分,超差0.01mm以上无分 | | | |
| | 3分 | $\phi 20_{0}^{+0.021}$ mm | 超差无分 | | | |
| | 2分 | $\phi 50_{-0.021}^{0}$ mm | 超差无分 | | | |
| | 2分 | $(15\pm0.021)$mm | 超差无分 | | | |
| | 3分 | $\phi 35$(3处) | 超差无分 | | | |
| | 2分 | $\phi 44$mm、$\phi 36.5$mm | 超差无分 | | | |
| | 2分 | 20° | 超差无分 | | | |
| | 3分 | $(9.425\pm0.02)$mm | 超差无分 | | | |
| | 3分 | $4.67_{-0.34}^{-0.30}$ mm | 超差0.02mm扣1分,超差0.02mm以上无分 | | | |
| | 5分 | 200mm、20mm、25mm、115mm、45mm | 一处超差扣1分 | | | |
| | 2分 | $(1.5\pm0.012)$mm | 超差无分 | | | |
| | 2分 | 同轴度公差 $\phi 0.015$mm | 超差无分 | | | |
| | 2分 | 径向圆跳动公差 0.015mm | 超差无分 | | | |
| | 2分 | 平行度公差 0.025mm | 超差无分 | | | |
| | 6分 | $Ra1.6\mu m$(6处) | 一处超差扣1分 | | | |
| 安全文明生产 | | 遵守安全操作规程,正确使用工具、量具,操作现场整洁 | 按达到规定的标准程度评定,一项不符合要求在总分中扣2.5分 | | | |
| | | 安全用电,防火,无人身设备事故 | 因违规操作而引发重大人身设备事故,此卷按0分计算 | | | |
| 合计 | 100分 | | | | | |